誰 說 不 能 從 武 俠
學程式？

李開周

著

程式設計讓生活更美好

> easygui.msgbox # 在說明模式下查詢 msgbox 的使用說明

p on function msgbox in easygui)

sygui.msgbox = msgbox(msg='(Your message goes here)', title='', ok_
utton='OK', image=None, root=None)
    The `msgbox()` function displays a text message and offers an OK
button. The message text appears in the center of the window, the title
text appears in the title bar, and you can replace the "OK" default text
on the button. Here is the signature::

    def msgbox(msg="(Your message goes here)", title="", ok_button="OK"):
    ...

The clearest way to override the button text is to do it with a keyword
argument, like this::

    easygui.msgbox("Backup complete!", ok_button="Good job!")

Here are a couple of examples::

    easygui.msgbox("Hello, world!")

:param str msg: the msg to be displayed
:param str title: the window title
:param str ok_button: text to show in the button
:param str image: Filename of image to display
:param tk_widget root: Top-level Tk widget
:return: the text of the ok_button

輸入 quit 可退出說明模式

　　有一年暑假，我的八歲兒子迷上網路遊戲。

　　老師每天在線上發布作業，他要嘛不寫，要嘛少寫，不然就是唰唰唰地亂寫一通，趕緊拍照交差，騰出時間打遊戲。

　　我帶他進行戶外運動，他要嘛不去，要嘛拖延，要嘛找藉口提前離開，趕緊回家打遊戲。

　　打遊戲的時間太長，不僅學業成績倒退，視力下降，注意力也會受影響。但想讓孩子離開網路遊戲，就像讓賭徒離開牌桌一樣困難，也許還更加艱難。

　　我知道不只一個孩子沉迷遊戲，也不只是孩子沉迷。有些男人年近而立，或者年過而立，不願做家務，不願管孩子，甚至不願工作，只顧著天天打遊戲。給他一箱泡麵和一款大型網路遊戲，他可以連續一個月不出門，完全忘記在這個世界上還有「責任」兩個字。

　　我不認為遊戲全是壞東西，能讓大人和小孩無憂無慮地玩，正是現代科技與和平環境提供的美好福利。但如果毫無節制，遊戲就類似毒品，會讓人上癮。我覺得應該讓人掌控遊戲，而不是讓遊戲掌控自己。

　　怎樣才能讓人掌控遊戲？怎樣才能從遊戲陷阱中拔出腿呢？一個至今看起來還算有效的方法是：想辦法讓玩家了解遊戲的核心。

　　無論網路遊戲或單機遊戲，無論電腦遊戲或手機遊戲，無論 2D 遊戲或 3D 遊戲，核心都是一堆代碼，由程式設計師編

寫的電腦代碼。程式設計師用電腦聽得懂的語言設計指令，這個過程叫做「程式設計」。當孩子學會程式設計後，他就會不由自主地從上帝視角看待遊戲，才更有可能擺脫遊戲的掌控。

道理非常簡單——假如我們試圖戰勝一個很難打敗的敵人，首先要了解敵人。「知己知彼，百戰百勝」，這句老話絕對不是亂說。所以在那個暑假，我開始教兒子電腦知識，學習程式設計。

我先讓他熟悉鍵盤，再陪他看完整套兒童電腦入門影片（網路很多，許多出版商也製作過很多這類產品），接著帶他學習一款非常適合小學生入門的程式設計軟體——由麻省理工（MIT）開發的積木式程式軟體 Scratch。

我帶著他學習 Scratch 一年，到第二年暑假，就讓他接觸真正的程式語言。我幫他選的程式語言是 Python，因為十分流行，且愈來愈大眾化。更重要的是，Python 是一門在入門階段相對簡單的高級程式語言，能讓初學者找到成就感，而成就感才是學習的最佳驅動力。

第三年暑假、第四年暑假……我們利用假期，偶爾會利用週末，斷斷續續地學習 Python，隔三差五地編寫代碼。學習效果如何呢？上國中時，我兒子終於可以獨立編寫一些能在生活中用到的小程式了。他是否還在打遊戲呢？是的，但他不再痴迷遊戲，而是在學習和運動累了以後，用遊戲放鬆一下。事實上，如今他喜歡自己動手編寫遊戲，就是那種非常簡陋的單

機版遊戲，用來向朋友們炫耀。同時我不得不承認，他在程式設計方面缺乏悟性，絕對不是天生適合做程式設計師的天才少年。

當然，我沒有非要把孩子培養成程式設計師的計畫，因為我自己也不是程式設計師。

我現在的職業是作家，以前的職業是測量和製圖員。我在大學時期才學習程式設計，當時可不是為了擺脫遊戲，而是為了賺錢。

請允許我用一些篇幅分享學習程式設計的經歷。

一九九九年，我上大學後，第一節電腦課，老師在電腦教室裡向幾十位同學提問：

「學過電腦的請舉手。」

不到一半同學舉手。

「用電腦打過遊戲的請舉手。」

舉手的超過一半。

「有沒有從來沒摸過電腦的？」

我舉了手，又放下，因為整間教室只有我一個人舉手。

課堂上，我不敢碰任何按鍵，唯恐弄壞要賠。課後偷偷問旁邊的同學：「老師說移動滑鼠，滑鼠是什麼東西啊？」

那節課過後，我開始發憤學電腦。第一，我感覺到「別人都知道而我不知道」的那種壓力；第二，我在報紙上看到一篇新聞──某公司招聘程式設計師，月薪新臺幣二萬三千元。

現在月薪二萬三千元屬於低薪，但在二十多年前，可是一筆了不起的鉅款，夠我繳兩年學費！為了這筆錢，我必須學電腦，必須學程式設計，我希望將來也要賺到這麼多錢！

老師讓學盲打，我既沒有電腦，也不捨得花錢買鍵盤，乾脆在紙上畫一個鍵盤。

老師教 Word 和 Excel，說學會了萬用字元和規則運算式的學生，將來會很搶手。我去圖書館借了一本《office 高級辦公》教材，背熟上面的所有萬用字元。

二〇〇〇年，我們開始上程式設計，兩個星期才有一次去教室免費上機的機會，平常則要花每小時七元的費用租用電腦。我不捨得花這筆錢，就在紙上寫代碼，想像實際運行的樣子。後來電腦考試，我是滿分通過。

當然，課堂上那些電腦知識遠遠不夠用，但每所大學都有圖書館，裡面都能借到程式設計參考書。從《VB 程式設計》到《C++ 入門》，從網頁設計手冊到資料庫管理手冊，一本一本地借，一本一本地啃，看見很酷的代碼就先抄到紙上，再找機會借電腦實測。

從二〇〇一年下半年起，我已經可以憑程式設計的技能賺錢了。我用 FoxPro（一款早已過氣的資料庫管理系統）編寫一個外掛程式，還用 VB 編寫一些能自動計算變異數、標準差、相關係數，能自動繪製關聯模型的小程式，幫助做課題的導師省去大量毫無意義的手算環節。導師沒有讓我白忙，有段

時間按照每月一千三百元的標準發給我補貼。

二○○二年，我為一家勘測規劃機構開發一款「平差計算器」，能夠把測量誤差平均分配到圖紙上。透過這款小軟體，我賺了二千六百元和一臺即將報廢的電腦，這是我擁有的第一臺電腦，一直用到大學畢業。

我當時經常去 3C 賣場買 1.44MB 的磁片，把我寫的代碼存到裡面。後來還斥資買了一個 32MB 的隨身碟，像寶貝一樣掛在脖子上，經常被別人誤認成打火機，要借來點菸。

大學畢業後，我被導師推薦到勘測單位上班，沒有從事電腦行業。但我對程式設計的興趣並未衰減，當年學過的電腦知識，特別是程式設計，今天依然在發揮作用。

母親愛聽戲曲，我寫了一些網路爬蟲去相關網站上自動搜索可以下載的戲曲，批量下載到唱戲機裡。

孩子上小學時要做大量四則運算、分數運算，要找出公因數和公倍數，計算各種幾何體的面積和體積，這些作業通常要求家長檢查和簽名。為了減輕這個工作量，我寫了許多自動檢查作業的小工具。

我自己寫書、寫專欄、寫劇本，要查很多資料，要分析很多文獻，一些科普類書稿還不可避免地涉及數學運算。怎麼辦？透過程式設計來提高效率肯定是最划算的選擇。例如從一部長篇小說裡分析人物關係，完全可以先導入一個自動分詞的函式庫，再用 K －近鄰演算法寫一個分析器，最後用

matplotlib 這樣的三方庫繪製一張龐大但精確的社會網路。你可能對那部長篇小說很熟悉，但借助程式設計卻能發現許多原先很容易被肉眼忽略的關鍵資訊。

金庸武俠經典《笑傲江湖》，主人公令狐沖「自習獨孤九劍後，於武功中只喜劍法」。而我則覺得，當一個人真正領略到程式設計的好處後，就會迷上它，因為程式設計讓生活更美好。

本書是繼《誰說不能從武俠學物理？》、《誰說不能從武俠學化學？》和《誰說不能從武俠學數學？》後，我的第四本「武俠科普」。書中分享的程式設計知識都是入門級，既沒有涉及高深演算法，也沒有涉及當前軟體發展領域正在使用的種種框架。無論是小朋友還是大朋友，只要此前摸過電腦，只要知道什麼是鍵盤和滑鼠，就能讀懂書中的絕大部分內容。

我希望你能耐心讀下去，還希望你在閱讀的同時，最好在電腦上寫一寫代碼，特別是書裡那些不複雜的範例。因為程式設計是一門實踐性極強的技能，光說不練是體會不到樂趣的。

最後祝全天下愈來愈多孩子盡快擺脫遊戲的控制，從此迷上程式設計的魔力。

目錄

## 第 一 章

下命令給電腦

>> easygui.msgbox # 在說明模式下查閱 msgbox 的使用說明

p on function msgbox in easygui:

syngui.msgbox = msgbox(msg='(Your message goes here)', title='', ok
utton='OK', image=None, root=None)

The `msgbox()` function displays a text message and offers an Ok
button. The message text appears in the center of the window, the title
text appears in the title bar, and you can replace the "OK" default text
on the button. Here is the signature::

    def msgbox(msg="(Your message goes here)", title="", ok_button="OK"):

    ....

The clearest way to override the button text is to do it with a keyword
argument, like this::

    easygui.msgbox("Backup complete!", ok_button="Good job!")

Here are a couple of examples::

    easygui.msgbox("Hello, world!")

    :param str msg: the msg to be displayed
    :param str title: the window title
    :param str ok_button: text to show in the button
    :param str image: Filename of image to display
    :param tk_widget root: Top-level Tk widget
    :return: the text of the ok_button

輸入 quit 可退出說明模式

↘ 讓小紅馬動起來

　　金庸先生創造的武俠江湖，除了有武功高強的各路大俠，
還有能力特異的各種動物。

　　例如《神鵰俠侶》有一隻不會飛的神鵰，在大海中陪楊過
練功；《倚天屠龍記》有一隻生病的蒼猿，替困在深谷中的張
無忌送了《九陽真經》；《天龍八部》有一隻吃毒蛇長大的閃
電貂，幫助段譽和鍾靈對付強敵；《射鵰英雄傳》有一匹會滲
出紅色汗液的小紅馬，風馳電掣，疾如追風，屢次馱著主人公
郭靖闖出重重包圍……

　　現在我面前就有一匹小紅馬，當然，不是真馬，是畫出來
的馬。咯，就是這個樣子。

　　小馬很可愛，可惜是靜止的，不會動。我想讓它動起來，
該怎麼辦呢？電腦裡有許多工具，能用的方法不只一種。

第一種工具特別常見，幾乎所有家用電腦都有安裝，它叫
PowerPoint，是做簡報檔最常用的軟體，由微軟公司開發，是
辦公軟體套裝 Office 的一部分。

啟動 PowerPoint，螢幕右下方會出現一個空白區域，空白
區域上面是一大堆工具列，工具列上面是功能表列，功能表列
中有一個「插入」，用滑鼠點一下，選擇「圖檔」，在相關目
錄裡找到剛才那幅小紅馬圖檔，把它放到空白區域，適當調整
大小和位置。例如用滑鼠拖動的方式，把它變小，拖到空白區
域的最左側。

再用滑鼠選中這隻變小的小紅馬，點擊功能表列上的「動
畫」，選擇「自訂動畫」下方的「添加效果」，從「添加效
果」中選擇「移動路徑」，在「移動路徑」裡選擇「向右」。

設置完畢，播放本頁幻燈片。肯定會看到小紅馬動了，從螢幕左側滑到螢幕右側。

市面上比較流行的辦公軟體套裝不只微軟 Office，還有中國金山辦公軟體公司開發的 WPS Office，以及早期由美國昇陽電腦公司開發、現在歸 Apache 軟體基金會（偉大的非營利組織）管理的跨平臺開源辦公軟體 Open Office。除此之外，還有在以上幾種基礎上開發的大量個性化辦公軟體。辦公軟體套裝通常都包括 PowerPoint，所以會有許多樣式不同的版本。但不管是哪種版本的 PowerPoint，都能用來設計幻燈片，也都能讓小紅馬動起來。只不過，操作細節會有一點差別。

　　但不管怎麼說，PowerPoint 絕對不是專業的動畫製作軟體，只能實現最簡單、粗糙的效果，不能製作真正的動畫。

　　真正的動畫是用什麼軟體製作呢？有一款曾經爆紅的動畫製作軟體——Flash，出生於二〇〇〇年以前的網際網路用戶應該比較熟悉，就算不會用 Flash，肯定也看過別人製作的產品，還很有可能在線上玩過一些小型的 Flash 遊戲。可惜的是，現在的智慧手機系統往往不能與它相容，很多主流的網頁瀏覽器（例如 Google 的 Chrome）不再支援 Flash 播放機，所以 Flash 衰落了。目前活躍在中文世界的火紅動漫，好像只有一部《非人哉》仍舊是用 Flash 製作。

　　現在我們重新拾起這款過氣動畫軟體，讓小紅馬在 Flash 舞臺上動起來。

　　打開 Flash8（即 Macromedia Flash Professional 8，Macromedia 公司開發的 Flash 專業版第八版），在功能表列上點擊 File（檔），選擇 New（新建），會打開一個 New Document（新文檔）對話方塊。

　　選擇 Flash Document（Flash 文檔），再從功能表列上點擊 File，找到 import（導入）命令，選擇 import to stage（導入到舞臺），從相關目錄中找到小紅馬，導入到舞臺上。

　　舞臺左側是 Tool（工具），其中有一個 Free Transform Tool（變形工具），可將小紅馬調整到合適大小，拖放到舞臺最左側。

　　舞臺上側是 timeline（時間軸面板），上面的阿拉伯數字表示靜止圖像的數量，術語叫做「幀數」。在數字 70 那裡點一下，擊右鍵，選擇 insert keyframe（插入關鍵幀），數字 1 和 70 之間會出現一條黑色實線。

　　舞臺下側是 properties（屬性面板），找到 Tween（補間命令），選擇 Motion（動畫），剛才的黑色實線會多出一個箭頭，表示 Flash 已經自動創建一個動畫。該動畫實際上是由 70 幅靜止圖檔組成，叫做「動作補間動畫」。

　　敲輸入鍵（即鍵盤上的 enter 鍵、Apple 鍵盤上的 return 鍵），播放動畫，小紅馬將從舞臺左側滑到右側。如果再選擇 loop playback（迴圈播放命令），小紅馬就會不斷地從左往右滑。

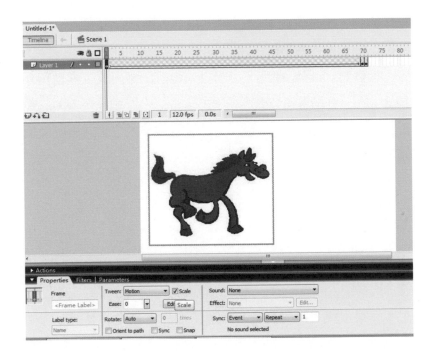

　　你看到這個動畫肯定會說：「這太 low 了，小紅馬是『滑』過去，不是『跑』過去。真正的動畫應該呈現出逼真的動作，例如四蹄騰空，鬃毛飄動，地面上有塵土飛揚，最好還有馬蹄聲。」

　　Flash 完全可以做出逼真的動作和音效，但卻需要進行複雜的前期處理。首先要將馬匹奔跑的動作分解成幾幅關鍵畫面，放進不同圖層；接著用自帶的濾鏡或專業影像處理軟體 Photoshop 進行美化，再導入合適的音效；最後還要反覆測試和調整效果，甚至可能要編寫一些指令碼命令。這本書是講

程式設計，不是帶大家學習動畫設計，所以你現在可以關掉
Flash，放棄剛才的動畫。

其實 Flash 已經過時，目前動畫設計師常用的工具是另外
幾款：在三維動畫領域聲名卓著的 Unity、3D 創作平臺 Unreal
Engine，以及在電影特效製作方面更加專業的三維建模動畫軟
體 MAYA。

◥ 讓小紅馬跑起來

MAYA、Unreal Engine、Unity、Flash 都是成熟的動畫軟
體，均為別人開發好的，必須先安裝到電腦的作業系統才能使
用。商業上使用這些軟體，需要定期支付昂貴的費用。例如
Unity 的加強版 Unity Plus 是按月收費，使用者想用，每月要
付約新臺幣一千二百元，MAYA 則更貴。所以初學者不得不
從免費試用版入手，只有專業且遵守江湖規矩的公司才會購買
正版軟體。

有沒有既完全免費又簡單易學的動畫軟體呢？當然有，例
如 Scratch。

實際上，Scratch 不是單純的動畫軟體，而是美國麻省理
工學院（MIT）專門為小朋友開發的簡易圖形化程式設計工
具，我們可以用它製作一些既好玩又「聽話」的動畫。

假如你的電腦還沒有安裝 Scratch，現在不妨安裝一下。

怎麼安裝呢？超級簡單。進入 Google，搜索「Scratch」，進入 https://scratch.mit.edu/，這是麻省理工為 Scratch 開設的官方網站。網站首頁底部有一個 Resources（資源）欄目，下方能看到 download（下載）。點開 download，會出現不同版本的下載資源，包括適用於 Windows、MacOS、Chrome 的版本，以及能在 Android 手機上使用的 app。手機螢幕太小，觸控式也不適合編程操作，所以建議安裝到電腦。如果你的電腦系統是 Windows，請安裝 Scratch for Windows；如果是 MacOS，則安裝 Scratch for MacOS。

Scratch 是美國人開發，安裝成功後，default 狀態為英文，但可以轉換成中文。怎麼轉換呢？功能表列的左上側，點開地球儀標誌，有英語、法語、德語、日語、西班牙語、繁體中文、簡體中文等選擇。我們選繁體中文，各種操作命令立即成

為中文。

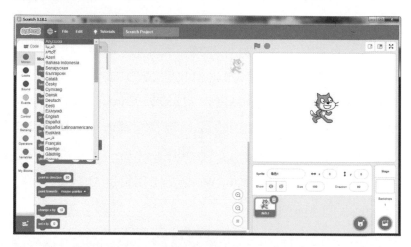

　　還有看起來更簡單的安裝方式，例如透過軟體商店等平臺進行，或者從各種培訓班的服務社區安裝。但我必須說明，如果你不太了解安裝過程，就有可能在安裝的同時，不知不覺地裝上一大堆垃圾軟體，甚至是電腦病毒，然後再費盡吃奶的力氣去清除。所以不管安裝哪一款軟體，安全的做法都是從官方網站下載。

　　閒話少說，假定已經裝好，且是最新版本的 Scratch3，現在請打開，讓它驅動小紅馬。

　　打開後，軟體視窗左上角是版本號：Scratch3.*.*（我使用的版本是 Scratch3.18.1）。版本號下面是一條藍色的功能表列，左側有一個帶有經緯網路的簡易地球標誌。點開這個標誌，選擇適合自己的語言。

　　現在我們看看這個繁體中文版的 Scratch。功能表列下面，左、中、右三大塊，左邊是工具區，中間是程式設計區，右邊是舞臺區。舞臺區有一隻以站立姿態向右行走的小貓咪，叫做「角色」。只要拖動合適的工具，在程式設計區設計出正確的命令，角色就能按照你指定的方式做運動，甚至還能輸出文字、發出聲音、完成計算。

　　Scratch 裡面有很多角色，讓滑鼠的游標移動到舞臺區右下角藍色圓圈裡的貓咪頭像上面，會自動蹦出命令「選個角色」。點擊滑鼠，角色選擇視窗出現，有動物、人物、奇幻、舞蹈、音樂、運動、食物、時尚、字母等各類角色。我們選擇動物，裡面有 bat（蝙蝠）、bear（熊）、cat（貓）、cat flying（飛

貓）、chick（小雞）、duck（鴨）、dog（狗）……其中那隻站立的小貓是預設角色。也就是說，每次打開 Scratch，都會有一隻貓咪站在舞臺上，等著你發號施令。

　　我們放棄貓咪，把角色視窗的捲軸往下拉，找到 horse，就是那匹可愛的小馬。雙擊滑鼠，這匹馬立刻出現在舞臺上。回到舞臺區，選中貓咪，把它刪掉，讓小馬單獨留在舞臺上。

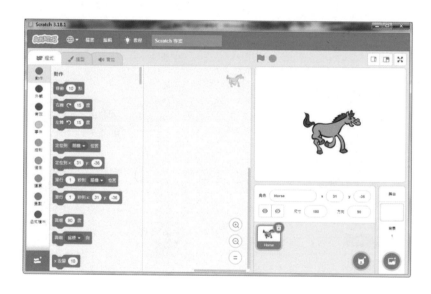

　　現在試著讓小馬動起來，該怎麼做呢？非常簡單：在左邊工具區點擊「動作」，找到「移動 10 點」，拖到中間程式設計區。點擊該命令，小馬是不是動了？對，每點一次，小馬就往右移動十個圖元點。

　　回到工具區，點擊「外觀」，將「造型換成下一個」拖到

程式設計區，緊貼著放在「移動 10 點」的下方。再點擊，你
會發現小馬每往右移動一次，就會在「小步快跑」和「四蹄騰
空」之間切換一次。很明顯，只要小馬移動和切換得夠快，就
能呈現出奔跑的動畫效果。

　　回到工具區，點擊「控制」，將「等待 1 秒」拖到「造型
換成下一個」下方，改成「等待 0.1 秒」。再從「控制」裡找
到「重複無限次」控制框，拖到程式設計區，讓它包裹住「移
動 10 點」、「下一個造型」和「等待 0.1 秒」。最後去舞臺
區，把小馬拖到舞臺最左側。

　　現在點擊程式設計區的「重複無限次」，你看到了什麼？
對，小馬在舞臺上跑起來了。它一路向右，絕塵而去，直到舞
臺右側只剩下一根馬尾巴。

　　好可愛一匹小馬，就這麼跑丟了，真可惜。能不能讓它跑
回來呢？沒問題，繼續使用 Scratch 的命令和工具。

　　從工具區的「動作」裡找到「碰到邊緣就反彈」，拖到程

式設計區，放在「等待0.1秒」下方。再找到「迴轉方式設為左－右」這個命令，拖到程式設計區的「重複無限次」上面。再從工具區「事件」裡找到「當角色被點擊」，拖到程式設計區所有命令的上面。設置完畢，點一下舞臺右側殘留的那條馬尾巴，程式開始運行，一個相當好玩的動畫效果出現了：小馬跑到舞臺左側時就掉頭向右，跑到舞臺右側時就掉頭向左，就這樣不停地跑來跑去。

　　美中不足的是，我們本來想讓小紅馬跑起來，可是目前跑來跑去的卻是一匹小黃馬。怎樣才能把這匹小黃馬變成小紅馬呢？早期的 Scratch 版本沒有這個功能，較新版本的卻可以輕鬆做到。

　　在工具區選擇「造型」，將看到 horse-a 和 horse-b 兩種狀態。先選擇 horse-a，用右側的「填滿」命令調出紅色，點

擊下方的填滿按鈕，再點擊右側小馬的肚子。看吧，馬頭、
馬腿、馬肚子、馬屁股，都變紅了。採用同樣的操作，把
horse-b 變成紅色。原先設置好的命令不變，點擊舞臺上這匹
馬，一匹小紅馬跑來跑去的動畫就完成了。

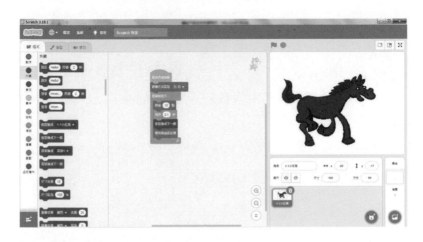

　　如果還不滿足，想將空白的舞臺換成一片藍天，還想加上
馬蹄噠噠和馬鳴的音效。沒問題，繼續優化。

　　先更換舞臺背景：舞臺區右下角，內嵌畫框的藍色圓圈，
就是背景選擇按鈕。點一下，背景選擇視跳蹦出來，從「戶
外」中選擇 blue sky。舞臺成為藍天、森林和康莊大道，可以
把小馬拖到合適位置，讓馬蹄踏在大道上。

　　再添加動畫音效，該操作過程稍微複雜一些，我們一步一
步來。

　　第一步，在工具區點擊「控制」，找到「如果……那

麼……否則……」控制框，拖到程式設計區，放在「碰到邊緣就反彈」的後面。

　　第二步，在工具區點擊「偵測」，找到「碰到鼠標」命令，將「鼠標」改成「邊緣」，拖到程式設計區，放在「如果……那麼……否則……」控制框的第一個懸臂的空格裡。

　　第三步，從工具區點擊「音效」，找到「播放音效 horse gallop」，拖到「否則……」下方；再找到「播放 horse gallop 直到結束」命令，將其中的音效設置為 horse，拖放到「碰到邊緣」下方。

　　如此設置完畢，小紅馬將在戶外大道上噠噠飛奔，每當跑到路盡頭時，就嘶鳴一聲，掉頭回來。

如果仔細觀察 Scratch，必定注意到工具區有更多命令，例如「偵測」、「運算」、「變數」和「函式積木」等。學會這些命令的功能和用法，你可以替小紅馬設計更複雜的動作，也可以錄製真實音效，導入 Scratch，做出更酷的動畫。

當然，不只是小紅馬，Scratch 裡的任何一個角色都能做成動畫。甚至可以畫一個角色，或者把自己的照片導入 Scratch，進而為其設計命令、製作動畫。而你在 Scratch 當中設計的所有命令，都屬於一項很酷的技能。

這項技能就叫「程式設計」。

⬎ 下命令不等於程式設計

有人說程式設計很簡單，就是下命令。如果真這麼簡單，武俠小說裡那些仗劍行天下的古人就都會程式設計了。

舉個例子，《射鵰英雄傳》第二回，江南七怪挑戰全真派高手丘處機，眼見不敵，便由「飛天蝙蝠」柯鎮惡發射暗器。但柯鎮惡是個盲人，看不見丘處機，只能根據同門弟兄喊出的命令來發射。當時場景是這樣的：

全金發叫道：「大哥，發鐵菱吧！打『晉』位，再打『小過』！」叫聲未歇，嗖嗖兩聲，兩件暗器一先一後往丘處機眉心與右胯飛到。

　　丘處機吃了一驚，心想目盲之人也會施發暗器，而且打得部位如此之準，真是罕見罕聞，雖有旁人以伏羲六十四卦的方位指點，終究也是極難之事。

　　當下銅缸斜轉，噹噹兩聲，兩支鐵菱都落入缸內。這鐵菱是柯鎮惡的獨門暗器，四面有角，就如菱角一般，但尖角鋒銳，可不似他故鄉南湖中的沒角菱了。這是他雙眼未盲之時所練成的絕技，暗器既沉，手法又準。丘處機接住兩支鐵菱，銅缸竟是一晃，心道：「這瞎子好大手勁！」

　　這時韓氏兄妹、朱聰、南希仁等都已避在一旁。全金發不住叫喚：「打『中孚』、打『離』位……好，現下道士踏到了明夷……」他這般呼叫方位，和柯鎮惡是十餘年來練熟了得，便是以自己一對眼睛代做義兄的眼睛，六兄妹中也只他一人有此能耐。

　　柯鎮惡聞聲發菱，猶如親見，霎時間接連打出了十幾枚鐵菱，把丘處機逼得不住倒退招架，再無還手的餘暇，可是也始終傷他不到。

　　全金發下達命令，柯鎮惡執行命令，一個喊出方位，另一個立刻向所喊方位發射鐵菱，每一步都是既快又準。假如我們把柯鎮惡比做一臺電腦，那麼全金發就是操作這臺電腦的人。然而我們只能說全金發正在熟練地操作一臺性能可靠的電腦，不能說他正在程式設計。

　　跳出武俠場景，直接拿我們日常所用電腦做例子。開機、關機、打開某個程式、打開某個網頁連結，以及打開文檔、編輯文檔、保存文檔、備份文檔、移動文檔、刪除文檔……本質上都是下命令給電腦。我們能將這些操作稱為程式設計嗎？顯而易見，答案是否定的。

　　程式設計確實是下命令，但下命令不等於程式設計。怎樣下命令才能叫程式設計呢？首先得使用鍵盤輸入命令才行。

　　過去的電腦沒有滑鼠，也沒有圖形化的作業系統，只能用鍵盤敲命令。例如過去常用的 DOS 系統，一開機就是純黑或純藍的畫面，螢幕上閃動著一條短橫線，無論用戶想讓電腦做什麼，都必須在這條短橫線後面輸入相應的指令。

　　想讓螢幕上顯示時間？輸入 time。

　　想讓電腦報出日期？輸入 date。

　　想知道這臺電腦有多大記憶體？輸入 mem。

　　想看看當前磁片裡有什麼內容？輸入 dir。

　　想從 C 槽進入 D 槽？輸入 d:\。

　　想在 D 槽下創建一個名為「武俠程式設計」的新資料夾？輸入 md d:\ 武俠程式設計。

　　想把該資料夾複製到 E 槽？輸入 copy d:\武俠程式設計 e:\。

　　現在又想從 E 槽刪掉這個資料夾？輸入 del e:\ 武俠程式設計。

　　想讓電腦重新啟動？輸入 reboot。

　　我敢打賭，你現在的電腦肯定不是 DOS 系統，十之八九是 Win7 或 Win10。如果你用 Apple 電腦，作業系統應該是 MacOS。如果是 Apple 以外的某款平板電腦呢？很可能是 Linux 內核開發出來的 Android。Android、Apple 和 Windows 都是圖形化介面，大部分日常操作都特別容易，用滑鼠即可橫行天下，用不著輸入命令。但在這些系統當中，仍然隱藏著命令入口。

　　就拿 Windows 來說，同時按下功能表鍵和 R 鍵，螢幕左下角會跳出一個「運行」對話方塊，在對話方塊裡輸入 cmd，按下輸入鍵，一個黑底白字的命令輸入視窗立刻出現。這個視窗通常被稱為 cmd（command 的縮寫），不僅長得像 DOS，操作方式也類似，而且還保留大部分 DOS 命令。你可以在 cmd 那條閃爍的短橫線後面輸入 DOS 命令，來體驗早期電腦用戶的辛苦。用習慣後，你反而會覺得這樣很酷，甚至效率很高。

　　我就經常使用 cmd 來完成一些簡單但比較耗時的程式化工作，例如我的電腦 D 槽中有一個龐大的資料夾「備用插圖」，裡面有幾千個圖檔。如果要把所有圖檔的名稱記下來，寫到一個文字檔，該怎麼做？我可以拿一支筆和一本小本子，放電腦旁邊，一邊看螢幕，一邊做記錄，依次將每張圖檔的檔案名記到本子上。再新建一個文字檔，把本子上記錄的資訊一條一條敲進去。

有沒有省事的方法？當然有。打開 cmd，用 cd 命令進入 D 槽下「備用插圖」目錄，再寫一條命令：tree/f > 全部圖檔索引 .txt。

按輸入鍵，運行命令，到「備用插圖」資料夾查看，已經多了一個名為「全部圖檔索引」的文字檔。打開這個檔，裡面是所有圖檔的名稱。

你看，原本要半天才能做完的事情，敲兩、三行命令就搞定了。

做為一款非常成功的作業系統，Windows 已經發育得相當成熟，為什麼還要保留看起來既陳舊又落後的 cmd 呢？就是因為有些工作用敲命令的方式反而更簡單。

Windows 是桌上型電腦和筆記型電腦使用者最常用的作業系統，Linux 則是程式設計師最常用的作業系統。Linux 同樣

有一個命令輸入視窗，專業的說法叫「命令列直譯器」，又叫 shell，也就是「外殼」。每次啟動 Linux，將自動進入 shell，黑白螢幕的左上角閃爍著 $ 或 #，提示用戶在後面輸入各式各樣的命令。

許多功能強大的應用軟體保留著命令入口，以便讓用戶輸入命令，完成複雜工作，而不是用滑鼠點來點去。我們最常用的文檔編輯軟體 Word、試算表軟體 Excel、影像處理軟體 Photoshop、工程製圖軟體 AutoCAD 等，都保留了敲命令的操作模式。

用滑鼠點擊也好，用鍵盤敲命令也罷，歸根結柢都是下命令給電腦。前面說過，用滑鼠點擊不叫程式設計，那麼用鍵盤輸入命令算不算呢？

這個問題需要具體分析。

只敲一行命令，例如透過在 cmd 裡輸入 date 來查看日期，那絕非程式設計。可要是輸入兩行或兩行以上命令，以此完成某項重複工作，就可以叫做程式設計。

例如，我為 Windows 的 cmd 編寫如下命令：

```
@echo off
title 加減乘除
echo 使用說明 ──
echo 輸入算式，查看結果
echo 輸入 exit 即可退出，輸入 clear 清空計算記錄
echo --------------------
color 1f
```

```
:cac
    set /p input= 在這裡輸入算式：
    if /i "%input%"=="exit" goto exit
    if /i "%input%"=="clear" goto clear
    set /a result=%input%
    echo %result%
    goto cac
:clear
    cls
:exit
    exit
```

　　總共十八行命令，要實現的功能是四則運算，運行這些命令，效果是這個樣子：

　　編寫以上命令的過程就屬於程式設計，它是批次處理程式設計的一種。

再例如，打開 Word，在功能表列上點擊「開發工具」，打開「vba 編輯器」或「Visual Basic」的視窗，輸入如下命令：

```
Microsoft Visual Basic - 武俠程式設計 - [UserForm1 (UserForm)]

(通用)                                    doc_to_pdf

Sub doc_to_pdf()
    Dim xIndex As String
    Dim xDlg As FileDialog
    Dim xFolder As Variant
    Dim xNewName As String
    Dim xFileName As String
    Set xDlg = Application.FileDialog(msoFileDialogFolderPicker)
    If xDlg.Show <> -1 Then Exit Sub
    xFolder = xDlg.SelectedItems(1) + "\"
    xFileName = Dir(xFolder & "*.*", vbNormal)
    While xFileName <> ""
        If ((Right(xFileName, 4)) <> ".doc" Or Right(xFileName, 4) <> ".docx") Then
            xIndex = InStr(xFileName, ".") + 1
            xNewName = Replace(xFileName, Mid(xFileName, xIndex), "pdf")
            Documents.Open FileName:=xFolder & xFileName, _
                ConfirmConversions:=False, ReadOnly:=False, AddToRecentFiles:=False, _
                PasswordDocument:="", PasswordTemplate:="", Revert:=False, _
                WritePasswordDocument:="", WritePasswordTemplate:="", Format:= _
                wdOpenFormatAuto, XMLTransform:=""
            ActiveDocument.ExportAsFixedFormat OutputFileName:=xFolder & xNewName, _
                ExportFormat:=wdExportFormatPDF, OpenAfterExport:=False, OptimizeFor:= _
                wdExportOptimizeForPrint, Range:=wdExportAllDocument, From:=1, To:=1, _
                Item:=wdExportDocumentContent, IncludeDocProps:=True, KeepIRM:=True, _
                CreateBookmarks:=wdExportCreateNoBookmarks, DocStructureTags:=True, _
                BitmapMissingFonts:=True, UseISO19005_1:=False
            ActiveDocument.Close
        End If
        xFileName = Dir()
    Wend
End Sub
```

以上命令共三十行，運行時，Word 將彈出一個視窗，讓我們選擇檔案路徑，將該路徑下所有 doc 格式的檔案自動轉換成 pdf 格式。換句話說，這三十行命令的功能就是將多個 doc 文檔批次轉換成 pdf 文檔。編寫這類命令的過程也屬於程式設計，它是腳本程式設計的一種。

什麼是腳本程式設計？什麼是批次處理程式設計呢？暫時不用理會，只需先把程式設計的定義歸納出來。什麼是程式設

計呢？就是編寫一堆命令，交給電腦執行，讓電腦去執行我們想讓它做的事情。

⤷ 程式設計語言與江湖黑話

　　在「讓小紅馬跑起來」這一節，我們曾用 Scratch 設計一堆命令。

　　你肯定還記得，這堆命令主要使用滑鼠拖放，偶爾使用鍵盤輸入，最後像搭積木一樣建出來。搭積木是 Scratch 程式設計的特色，為的是照顧那些不熟悉鍵盤操作的小朋友。

　　Scratch 很簡單、很好玩，能讓沒有程式設計基礎的孩子迅速領略到程式設計的樂趣。但它的功能過於單一，只能用來設計簡單的小動畫、小遊戲、小程式。

　　類似的程式設計工具還有 App Inventor —— 由一群 Google 工程師開發的 Android app 程式設計工具。如今 App Inventor 和 Scratch 一樣，都由美國麻省理工學院維護。想體驗這款程

式設計工具的朋友，可以登錄麻省理工的教育網
站，無須下載安裝，可在線上使用。網站上也能找
到中文版的在線 App Inventor，同樣是免費註冊、
免費體驗、免費使用。

麻省理工的
教育網站

　　登錄後創建第一個 App，你將會驚訝地發現，App Inventor
的程式設計方式和 Scratch 一模一樣，都是用滑鼠把命令拖到
程式設計區，程式設計過程如同搭積木。只不過，用 Scratch
設計出來的程式主要在電腦上運行，而用 App Inventor 設計出
來的程式是在 Android 手機上運行。

　　從 Scratch 到 App Inventor，程式設計方式都特別簡單，
可是應用範圍特別狹窄。小朋友初學程式設計時倒可以使用，
真正的程式設計師絕不可能用它們開發軟體。所以我們經常
說，Scratch 和 App Inventor 並非程式設計語言，而是程式設
計玩具。

　　什麼才是程式設計語言呢？最早誕生的科學計算語言
Fortran、廣泛用於底層開發的通用程式設計 C 語言、由 C 語
言擴展升級的 C++、由 C 語言和 C++ 衍生出來的 C#、為了網
路程式設計而設計的 Java、高度抽象的函數式程式設計 R 語
言、簡捷實用的指令碼語言 Ruby、更為簡捷實用的指令碼語
言 PHP、Google 發布的 Go 語言、Apple 發布的 Swift、微軟
發布的 Visual Basic、最近幾年在資料分析和人工智慧領域高
歌猛進的 Python……都是真正的程式設計語言。

語言是人與人交流的工具，程式設計語言則是人與電腦交流的工具。電腦不是人，你想和它交流，必須使用電腦聽得懂的語言。例如，要讓電腦告訴你 10 加 20 等於多少，直接問「10 加 20 等於幾」，電腦肯定理解不了。在文本軟體裡輸入「10 加 20 等於幾」，電腦同樣理解不了。

電腦能理解的語言是什麼樣子呢？看上去非常古怪：

```
11101011 00001010 00000000
00101011 00010100 00000000
```

這兩行完全由 0 和 1 組成的天書，就是電腦能直接理解的語言。第一行的 00001010 是阿拉伯數字 10 的二進位形式，意思是將數字 10 放進暫存器；第二行的 00010100 是阿拉伯數字 20 的二進位形式，表示讓 20 加上 10，最後將計算結果放進暫存器。

這種語言稱為「機器語言」，早期程式設計師下指令給電腦，只能使用機器語言，非常難懂、麻煩、耗時間，也非常容易出錯。所以電腦科學家不得不發明一種容易被人類理解的語言：組合語言。

同樣是 10 加 20，如果用組合語言來寫，通常是這樣：

```
mov  eax,10
add  eax,20
```

　　mov 是英文單詞 move 的簡寫，即移動。eax 是資料暫存器，mov eax,10 的意思是將數字 10 放進資料暫存器。

　　add 即相加，add eax,20，意思是讓 10 加上 20，並將計算結果放進資料暫存器。

　　組合語言使用英文字母，代替那些由 0 和 1 組成的天書，並用我們常用的十進位數字，代替不太常用的二進位數字，程式設計工作一下子清爽許多。

　　但要和人類日常語言「10 加 20 等於幾」相比，組合語言還是顯得艱深晦澀，程式設計工作仍然談不上簡單快捷。事實上，現代程式設計師極少使用組合語言，他們用的是更好懂的高階程式設計語言。

　　高階程式設計語言分為很多很多種，但每一種都比組合語言簡單。例如用 Python 來寫 10 加 20，一行就夠了：

```
print  (10 + 20)
```

　　用另一種高階程式設計語言 Visual Basic 來寫也是一行：

```
print  10 + 20
```

　　還有一種高階程式設計語言 PHP，同樣是一行搞定：

```
echo  10+20
```

高階程式設計語言裡，加法運算元不再是彙編指令 add，而是我們做算數運算時使用的加號＋。直接輸入加法式 10+20，直接用 print 或 echo 命令輸出結果，而無需再囉哩囉嗦地告訴電腦：「嘿，老兄，你把某個數字放進暫存器的某個位置，再加上另一個數字，也放進暫存器的某個位置，最後把結果告訴我！」

問題在於，高階程式設計語言雖然簡單易懂，電腦卻不能直接理解。包括組合語言，電腦也是不能直接理解。程式設計師用組合語言或高階程式設計語言撰寫程式，必須再翻譯成機器語言，才能交給電腦執行。

既然終歸要翻成機器語言，為何不直接用機器語言程式設計呢？先用高階語言寫一遍，寫完不能用，還得用機器語言寫，那發明高階語言有什麼意義？不是脫褲子放屁嗎？

好在我們不用擔心這個問題，因為從高階語言到機器語言的翻譯環節根本不用人工，每一種高階程式設計語言都自帶編譯器。例如，在Python的程式設計環境下輸入代碼print(10+20)，點擊運行，Python 編譯器會立刻接手，將 print(10+20) 翻譯成電腦聽得懂的 0 和 1。這個翻譯過程快如雷鳴電閃，根本感覺不到時間上的延遲，就好像是用高階語言和電腦直接對話似的。

對我們來說，0 和 1 組成的機器語言屬於黑話，普通人聽不懂。而對電腦來說，組合語言和高階語言也是黑話，電腦晶

片聽不懂。彼此聽不懂，怎麼實現人機交流呢？全靠編譯器當翻譯。

《鹿鼎記》第八回，韋小寶加入天地會，蓮花堂香主蔡德忠當接引人，帶韋小寶朗讀入會誓詞：「天地萬有，回復大明，滅絕胡虜。吾人當同生同死，仿桃園故事，約為兄弟，姓洪名金蘭，合為一家。拜天為父，拜地為母，日為兄，月為姊妹，復拜五祖及始祖萬雲龍為洪家之全神靈……」

先拜天地日月，再拜五祖及始祖萬雲龍，「五祖」是誰？「萬雲龍」又是誰？這是天地會的黑話，韋小寶不懂。好在有蔡德忠解釋：「我洪門尊萬雲龍為始祖，那萬雲龍就是國姓爺了。一來國姓爺的真姓真名，兄弟們不敢隨便亂叫；二來如果給韃子的鷹爪們聽了諸多不便，所以兄弟之間，稱國姓爺為『萬雲龍』……本會五祖，乃是我軍在江寧殉難的五位大將。」聽完這些，韋小寶恍然大悟。

如果將韋小寶比作電腦，天地會入會誓詞就是一門高階程式設計語言，韋小寶的接引人蔡德忠就是這門語言的編譯器。直接輸入高階語言，韋小寶不懂；經過蔡德忠編譯，韋小寶就懂了。

程式設計語言種類繁多，迄今為止誕生的程式設計語言已經超過千種，現存的約有六百種，其中在實際工作中被廣泛使用的至少有幾十種。這麼多程式設計語言都是怎麼產生的呢？當然是由電腦高手設計出來的。同樣的，江湖世界也有許多種

黑話，每一種黑話都是由江湖人物設計出來。

　　仍以《鹿鼎記》為例，總舵主陳近南派韋小寶去滿清皇宮臥底，並教他怎樣聯絡其他兄弟。原文描寫如下：

　　　　眾香主散後，陳近南拉了韋小寶的手，回到廂房之中，說道：「北京天橋有一個賣膏藥的老頭，姓徐。別人賣膏藥的旗子上，膏藥都是黑色的，這徐老兒的膏藥卻是一半紅，一半青。你有要事跟我聯絡，到天橋去找徐老兒便是。你問他：『有沒有清惡毒、使盲眼復明的清毒復明膏藥？』他說：『有是有，價錢太貴，要三兩黃金、三兩白銀。』你說：『五兩黃金、五兩白銀賣不賣？』他便知道你是誰了。」

　　　　韋小寶大感有趣，笑道：「人家貨價三兩、你卻還價五兩，天下哪有這樣的事？」

　　　　陳近南微笑道：「這是唯恐誤打誤撞，真有人向他去買『清毒復明膏藥』。他一聽你還價黃金五兩、白銀五兩，便問：『為什麼價錢這樣貴？』你說：『不貴，不貴，只要當真復得了明，便給你做牛做馬，也是不貴。』他便說：『地振高岡，一派溪山千古秀。』你說：『門朝大海，三河合水萬年流。』他又問：『紅花亭畔哪一堂？』你說：『青木堂。』他問：『堂上燒幾炷香？』你說：『五炷香！』燒五炷香的便是香主。他是本會青木堂的兄弟，屬你該管。你有什麼事，可以交他辦。」

韋小寶一一記在心中。

膏藥本來很便宜，賣主卻報價三兩黃金、三兩白銀。買主呢？不但不還價，還加價，非要掏五兩黃金、五兩白銀。談過價錢，再對切口，一個說「地振高岡，一派溪山千古秀」，另一個答「門朝大海，三河合水萬年流」。全是外人聽不懂的黑話。這套黑話是誰設計的？只能是總舵主陳近南。因為天地會成員幾乎都是大老粗，只有陳近南文武雙全，別人打死也想不出「一派溪山千古秀」、「三河合水萬年流」這麼文雅的對聯。

江湖上行走多年的武林人物應該都懂幾句黑話，但鑑於各門各派的黑話太多，一個人絕不可能無所不知。《書劍恩仇錄》第十六回，陳家洛、張召重、顧金標、哈合臺等人被狼群困住，摸銅錢定生死，決定由誰衝進狼群做誘餌。輪到顧金標摸時，哈合臺喊道：「扯抱轉圈子！」這是遼東道上的黑話，意思是「別拿那枚不平整的銅錢」。哈合臺從蒙古流落到關東多年，顧金標一直在遼東稱霸，他們倆當然可以用遼東黑話溝通。陳家洛武功卓絕，張召重智勇雙全，但都沒去過遼東，所以不懂哈合臺所言，原文上寫「臉上都露出疑惑之色」。

電腦世界是另一種江湖，程式設計師與武林人物有相似之處。武林人物不可能通曉所有黑話，程式設計師也不可能通曉所有程式設計語言。通常情況下，人們都是先從一門程式設計

語言學起，再根據專案需要，學習其他程式設計語言。雖說程
式設計語言五花八門，但都能觸類旁通，絕大多數人學習第一
門語言可能要花幾年，再學第二門、第三門、第四門、第五門
語言時，易如探囊取物，快如流星趕月，多則半年，少則半
天，就能用新語言寫程式了。

　　後面的程式設計學習章節裡，我們主要學習一門既特別流
行又容易上手的高階程式設計語言：Python。

幫俠客做計算

⤷ 《九陰真經》有多少字？

話說北宋後期，「道君皇帝」宋徽宗十分推崇道教，蒐集全天下的道教經典，派絕頂聰明的文官黃裳做主編，編成一部五千多卷的大書《萬壽道藏》。

奉旨編書的黃裳唯恐出錯，將資料與初稿搬進書齋，一個字、一個字地審讀。誰料想，幾千卷道書讀下來，黃裳居然無師自通，居然從道家哲學中悟出武學道理！然後呢？黃裳與幾十位高手比武實踐，在深山之中苦苦思索四十年，終將道家哲學與武術招數融會貫通，撰寫出一部至高無上的武學祕笈《九陰真經》。

《九陰真經》成書不久，聲名鵲起，江湖中人無一不知，大家都將其奉為最上乘的武學祕笈。到南宋前期，東邪黃藥師、西毒歐陽鋒、南帝段智興、北丐洪七公、全真教創始人王重陽，當世五大高手華山論劍，爭奪此經。經過七天七夜輪番較量，王重陽技壓群雄，於是此經便歸全真教所有。

王重陽死後，黃藥師使用計謀得到《九陰真經》下卷，還沒來得及練習，就被弟子陳玄風和梅超風偷走。陳玄風唯恐再被別人偷走，便將內容做了備分。他是怎麼備分的呢？拿起針，忍著痛，使用刺青的方式，將每個字刺在自己的胸口上。

以上情節出自《射鵰英雄傳》，看過這部小說的朋友必然都記得。不記得也不要緊，只要知道《九陰真經》是金庸武俠世界裡最厲害的武學著作就行了。

其實在電腦程式設計領域，也有一部最最屬害的著作，最近幾十年始終被全球程式設計師和電腦科學家奉為經典，就是高德納（Donald E. Knuth）的系列巨著《電腦程式設計藝術》（*The Art of Computer Programming*）。

高德納是美國電腦科學家，也是非常屬害的頂級程式設計師，他獨自開發出如今在全球學術界公認最強大的排版工具 TeX，提出如今程式設計領域最重要的兩大基礎概念「演算法」和「資料結構」，還發明一套可以精確比較演算法優劣的數學方法，簡稱「演算法分析」。他曾獲得電腦界最負盛名的獎項「圖靈獎」，被評為「繼愛因斯坦和費曼之後的第三位科學巨星」。對於他的經典著作《電腦程式設計藝術》，前世界首富、微軟創始人比爾‧蓋茲（Bill Gates）這麼評價：「如果你完完整整讀完《電腦程式設計藝術》，請立刻發一份簡歷給我。」意思就是說，凡能看完且看懂高德納此書的程式設計師，都有資格加入微軟。

　　高德納計畫寫出七卷本的《電腦程式設計藝術》，現在才出版到第四卷，譯成中文已經多達百萬字。我身邊的程式設計師都買過這套書，有的還買原文版，但暫時還沒有一個人宣稱讀完。為什麼呢？一是內容太深，讀者必須有紮實的數學底子；二是體量太大，走馬觀花看一遍也得花一年。

　　相比起來，《九陰真經》就只是一本很薄的小書，金庸先生沒有明寫有多少字，但可以根據上下文估算。

　　《射雕英雄傳》第十七回，老頑童周伯通對郭靖說《九陰真經》下卷被盜後，黃藥師的妻子試圖默寫出來：「那時她懷孕已有八月，苦苦思索幾天幾晚，寫下七、八千字，卻都是前後不能連貫。」

　　同書第十八回，郭靖與西毒歐陽鋒的侄子歐陽克比賽背書，背的也是《九陰真經》下卷。「黃藥師聽他所背經文，比之冊頁上所書幾乎多了十倍，而且句句順理成章，確似原來經文。」所謂「冊頁上所書」，指的是黃夫人根據記憶默寫出來的那七、八千字。郭靖所背內容「比之冊頁上所書幾乎多了十倍」，說明《真經》下卷字數應該在七、八萬字左右。

　　《真經》分為上、下兩卷，下卷七、八萬字，則全書應有十幾萬字，遠遠比不上高德納的鴻篇巨作《電腦程式設計藝術》。假如放在普通出版物當中呢？嗯，不算厚實，不過也不算單薄。真正令人驚奇的是，黃藥師的不肖弟子陳玄風竟然將《真經》下卷一個字、一個字地刺到胸口！那可是好幾萬字，

全都刺到胸口，他的胸口得有多大？那一小片地方刺得下嗎？

　　我拿起一張 A4 紙貼在自己胸口上，剛好能遮住脖子以下和肚子以上的前胸皮膚。一張 A4 紙能寫多少字呢？古人常說「蠅頭小楷」，就是像蒼蠅腦袋那麼小的字，筆劃極細，間距極密，字型大小相當於 Word 的六級字，行距約為 10 點左右。我打開 Word 軟體，將紙張設為 A4，將字型大小設為六級，行距設為 10 點，將上下左右的頁邊距都設為零，然後拚命往頁面裡塞內容，只能塞下五千字。就算陳玄風天賦異稟，胸口大得驚人，假設有兩張 A4 紙那麼大，才能放一萬字而已。所以，陳玄風將七、八萬字的下卷刺在胸口上這種行為，不僅瘋狂，而且不可能。

　　我們再退一步，假定陳玄風不拘泥於胸口，把刺字範圍擴大到全身，有沒有可能刺下七、八萬字呢？可以用程式算一算。

　　首先，根據皮膚表面積經驗公式，編寫皮膚表面積計算程式。華人男性皮膚表面積經驗公式是這樣：S 男（平方公尺）＝ 0.0057 × 身高（公分）＋ 0.0121 × 體重（公斤）＋ 0.0882。現在可以用 Python 語言編寫代碼如下：

```
def skin_area(height,weight):
    skin_area = 0.0057*height + 0.0121*weight + 0.0882
    skin_area=round(skin_area,6)
    return(skin_area)
height = int(input(' 請輸入陳玄風的身高（公分）：'))
weight = int(input(' 請輸入陳玄風的體重（公斤）：'))
```

```
print(' 陳玄風的皮膚表面積是 ',skin_area(height,weight), ' 平方公尺 ')
skin_area_cm = skin_area(height,weight)*10000
print(' 相當於 ',skin_area_cm, ' 平方公分 ')
```

　　就像金庸筆下各路高手最初都看不懂《九陰真經》下卷那段古裡古怪的文字一樣，沒學過程式設計的朋友暫時看不懂以上代碼。這很正常，完全不用擔心，因為後面還會從怎麼安裝 Python 開始講起，一直講到 Python 的直譯器、編譯器、語法規則、程式結構、常用類庫、基本演算法、物件導向程式設計的實現方法等知識。等看完本書前三章，親自動手寫過一些簡單程式後，回頭再來看代碼，真的比觀看兒童動畫還要簡單。

　　將上述代碼放在 Python 程式設計環境下運行，電腦將提示我們輸入陳玄風的身高和體重。假定身高一百八十公分，體重九十公斤，則運行結果如下：

```
請輸入陳玄風的身高（公分）：180
請輸入陳玄風的體重（公斤）：90
陳玄風的皮膚表面積是 2.2032 平方公尺
相當於 22032 平方公分
```

　　A4 紙的標準規格是 21cm×29.7cm，將陳玄風全身皮膚展開，相當於多少張 A4 紙呢？可以在前述代碼下面追加幾行，使代碼變成這樣子：

```
def skin_area(height,weight):
    skin_area = 0.0057*height + 0.0121*weight + 0.0882
```

```
    skin_area=round(skin_area,6)
    return(skin_area)
height = int(input(' 請輸入陳玄風的身高（公分）：'))
weight = int(input(' 請輸入陳玄風的體重（公斤）：'))
print(' 陳玄風的皮膚表面積是 ',skin_area(height,weight), ' 平方公尺 ')
skin_area_cm = skin_area(height,weight)*10000
print(' 相當於 ',skin_area_cm, ' 平方公分 ')

A4_area = 21 * 29.7
paper_quantity = skin_area_cm / A4_area
print(' 相當於 ',paper_quantity,' 張 A4 紙 ')
```

運行程式，顯示結果：

```
請輸入陳玄風的身高（公分）：180
請輸入陳玄風的體重（公斤）：90
陳玄風的皮膚表面積是 2.2032 平方公尺
相當於 22032 平方公分
相當於 35.32467532467533 張 A4 紙
```

　　取整數，陳玄風的皮膚表面積相當於三十五張 A4 紙。前面說過，全寫蠅頭小楷，單張 A4 紙能寫五千字，那麼三十五張 A4 紙就能寫下十七萬五千字。陳玄風如果願意在全身皮膚上刺字，刺七、八萬字的《九陰真經》下卷完全沒問題。如果他有機會偷到上卷，再連上卷都刺上去，空間也是夠用的。但這樣一來，他不能赤腳，不能光膀子，每次出門都必須裹得嚴嚴實實，還要戴上口罩，否則別人將會從他裸露出的部位窺探到《九陰真經》的奧祕。

↘ 郭靖對黃蓉說了多少句話？

　　我們用 Python 寫幾行很簡單的程式，解決一個很簡單的問題。坦白說，陳玄風的皮膚面積有多大這個問題，毫無實際意義，用不著專門程式設計。隨便拿起一支筆，在一張比 A4 紙還小的小紙片上演算，答案就出來了。如果懶得用紙筆，乾脆打開計算機，何必程式設計呢？

　　沒錯，有些問題人工就能解決，但這世上還有一些問題是人工解決不了的，或者解決起來非常耗時，成本高得令人憂煩。何以解憂？唯有程式設計。

　　還拿《九陰真經》舉例，你知道《射鵰英雄傳》這部將近百萬字的武俠經典，提到《九陰真經》多少次嗎？

　　可以翻書查，一行一行查，每查到一處，就在筆記本上畫一橫，最後數數總共畫了多少橫。這麼做實在耽誤時間，恐怕要花好幾天。

　　你也可以找到數位版《射鵰英雄傳》，用 Word 或 notepad 打開，使用查找命令，往對話方塊裡輸入「九陰真經」，不斷點擊「查找」……這種方式比翻書快，但估計也要花費半天。

　　如果用程式設計呢？省事多了，只要在 Python 程式設計環境下輸入不到十行代碼就完成了：

```
path = r'd:\ 武俠程式設計 \ 金庸全集 \ 射鵰英雄傳 .txt'    # 指定《射鵰英雄傳》所在路徑
```

```
novel = open(path,'r',encoding='utf-8')    # 將《射鵰英雄傳》讀入記
憶體
lines = novel.readlines()    # 分段讀取，存為串列 lines
times = 0    # 變數 times 代表《九陰真經》出現次數，初始化為 0
for line in lines:
    if ' 九陰真經 ' in line:
        times = times+1 # 依次從每段內容當中查找「九陰真經」，
每找到一處，就對 times 變數加 1
print(' 在《射鵰英雄傳》這部書裡，共有 ',times,' 處提到《九陰真經》')
```

先說明一下，左邊那些英文都是代碼，代碼右邊還有很多#，#後面的文字叫做「代碼註解」。代碼註解不是給電腦看，是給自己看，目的是讓代碼更好讀、更好懂。一個程式寫完後存起來，過些日子再看，咦，這行代碼是什麼意思？為何要這樣寫？當時的思路是什麼？忘得一乾二淨。而有了代碼註解，思路清清楚楚地擺在那裡，不但能為將來修改和擴充代碼帶來便利，而且能替合作夥伴提供方便。要知道，很多大型程式需要幾百、幾千個程式設計師一起編寫，如果沒有代碼註解，很難理解對方的代碼，協同工作將變得不可能。所以，我們從一開始就要養成為代碼寫註解的好習慣。

好，運行程式，瞬間得到結果：

在《射鵰英雄傳》這部書裡，共有 125 處提到《九陰真經》

如果接著問：提到《九陰真經》的那些段落都是什麼樣子？

想搞定這個問題，只需加上幾行代碼：

```
print(' 它們分別是：')
for line in lines:    # 將出現《九陰真經》的段落依次輸出
    if ' 九陰真經 ' in line:
        print(line)
novel.close()    # 關閉文檔，騰出記憶體空間
```

運行結果見下圖：

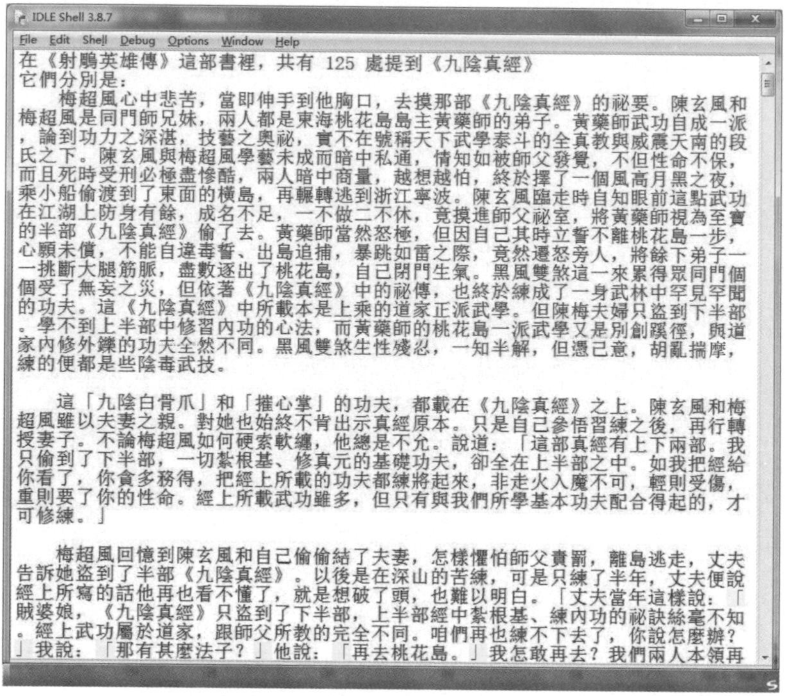

打鐵趁熱，再用 Python 程式設計解決另一個問題：《射鵰英雄傳》裡，郭靖和黃蓉的對白最多，究竟說了哪些話呢？

　　程式設計思路很簡單：讓電腦檢查每一段文字，如果該段既出現郭靖，又出現黃蓉，還出現冒號和引號，引號當中的文字可能就是郭靖和黃蓉的對白。

　　按照這個思路，編寫代碼如下：

```
path = r'd:\ 武俠程式設計 \ 金庸全集 \ 射鵰英雄傳 .txt'    # 指定《射
鵰英雄傳》所在路徑
novel = open(path,'r',encoding='utf-8')    # 將《射鵰英雄傳》讀入記
憶體
lines = novel.readlines()    # 分段讀取，存入串列 lines

count = 0  # 變數 count 代表對白句數，初始化為 0

# 依次檢查每段內容
for line in lines:
    # 如果某一段同時出現郭靖、黃蓉、冒號、引號
    if (' 郭靖 'in line) and (' 黃蓉 'in line) and ('：「'in line):
        # 找出郭靖所在位置
        boy_index = line.find(' 郭靖 ')
        # 找出黃蓉所在位置
        girl_index = line.find(' 黃蓉 ')
        # 找出冒號所在位置
        begin_index = line.find('：「')
        # 找出反引號所在位置
        end_index = line.find('」')
        count =count+1
        # 輸出對白
        words = line[begin_index+1 : end_index+1]
        print(' 第 '+str(count)+' 句對白：',words)

novel.close()    # 關閉文檔，騰出記憶體空間
```

運行程式，輸出結果，總共五百零八句對白，其中大部分是郭靖和黃蓉說的話：

```
========================
第 1 句對白：「叨擾了，再見罷。」
第 2 句對白：「我把你送給了我的好朋友，你要好好聽話，絕不可發
脾氣。」
第 3 句對白：「是兄弟嗎？好極了！」
第 4 句對白：「郭哥哥，上船來吧！」
第 5 句對白：「我是你的黃賢弟啊，你不睬我了嗎？」
第 6 句對白：「難道你就忍心讓王道長終身殘廢？說不定傷勢厲害，
還要送命呢！」
第 7 句對白：「好，咱倆去拿藥。」
第 8 句對白：「你的輕身功夫好得很啊！」
第 9 句對白：「咱們瞧瞧去，到底是怎麼樣的美人。」
第 10 句對白：「蓉兒，到這裡來！蓉兒……」
第 11 句對白：「你既不愛我，我便做個天下最可憐的小叫化罷了！」
第 12 句對白：「我在這裡！」
第 13 句對白：「梅若華，你敢傷我？」
第 14 句對白：「咱們快走！」
第 15 句對白：「我不娶華箏公主。」
第 16 句對白：「蓉兒，非這樣不可！」
第 17 句對白：「靖哥哥，你師父他們恨死了我，你多說也沒用。別
回去吧！我跟你到深山裡、海島上，到他們永遠找不到的地方去過一
輩子。」
第 18 句對白：「對啦，最多是死，難道還有比死更厲害的？」
第 19 句對白：「咱們不趕道了，找個陰涼的地方歇歇罷。」
第 20 句對白：「靖哥哥，咱們走罷！」
第 21 句對白：「蓉兒，穆姑娘並不是又醜又惡，不過我只娶妳。」
……
```

　　當然，有小部分例外。像第七回〈比武招親〉，郭靖送走
女扮男裝的黃蓉，回客店就寢，忽然聽到敲門聲。郭靖心中一
喜，只道是黃蓉，問道：「是兄弟嗎？好極了！」外面一人
沙啞著嗓子道：「是你老子，有什麼好！」郭靖打開房門，
外面竟然是黃河四鬼和他們的師叔侯通海。這段文字既有「郭
靖」，又有「黃蓉」，還有冒號和引號，但程式輸出的卻不是
郭靖與黃蓉的對白，而是侯通海對郭靖的呵斥。

　　怎樣才能確保程式精準無誤，將錯誤對白過濾掉呢？需要
學會高階程式設計，學會模擬退火、基因演算法、神經網路、
模式識別之類的智慧演算法，學會讓程式具備學習功能，像人
一樣學會識別那些看起來與男女主角有關、實則出自別人之口
的對白。事實上，在智慧演算法領域，Python 恰好具備極大
優勢，能解決生活和工作當中的許多難題。

　　拿我來說，我不僅常用 Python 做科學計算、分析文學作
品，還用它編寫爬蟲程式給父母下載戲曲，編寫動畫遊戲哄兒
女開心，編寫篩選垃圾郵件的程式，編寫乾淨小巧的播放機播
放音樂……

　　我相信，任何一個讀者朋友學會 Python 程式設計後，都
如同得到倚天劍或屠龍刀，將體驗到「Python 在手，天下我
有」的快感。

↘ 替你的電腦裝上 Python

　　倚天劍、屠龍刀是江湖上一等一的利器，大批英雄好漢付出生命代價都搶不到。Python 也是利器，程式設計世界的利器，但它卻人人可得，且完全免費：免費下載，免費安裝，免費使用，免費在 Python 官網獲取技術文檔和示例代碼。所以我經常對身邊的朋友說：「如果你擁有電腦，卻沒有安裝 Python，那就叫暴殄天物。」

　　安裝 Python 前，先看作業系統，因為在不同的系統環境下，安裝方式也不同。

　　目前桌面電腦作業系統以 Windows 為主流，然後是 Apple 的 MacOS，以及擁有多種方言版本的 Linux。我有一臺微型電腦「樹莓派」，用隨身碟當硬碟，用電視當顯示器，用外接鍵盤做輸入裝置，作業系統是 Linux 的羽量級簡化版 Raspbian。將 Raspbian 傳送到隨身碟中，啟動樹莓派，在功能表列裡能看見 Python3，說明有些版本的 Linux 是自帶 Python，不用專門安裝。另外，一些 Apple 電腦也自帶 Python，但版本比較舊，還是十幾年前發布的 Python2.7，目前官網早就更新到 Python3.10。所以，Linux 用戶無需安裝 Python，Apple 用戶則有必要卸載舊版，再下載新版。

　　網路上有多種管道下載新版 Python，可以在 Google 搜索「Python setup」，可以去全球最大的代碼託管平臺 GitHub 搜

索「Python」。但我建議使用最可靠的下載途徑
——去Python官網。這是美國網站，登錄有點慢，
但絕對安全，透過這個官網下載的版本不僅最新，
而且最乾淨，絕不會內藏病毒，絕不會在安裝時偷
偷存入一大堆垃圾軟體和垃圾廣告。

Python 官網

　　登錄 Python 官網，將見到如下頁面：

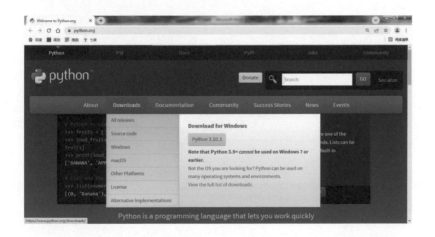

　　點擊 Downloads，出現下拉式功能表，選擇你的作業系
統（Windows 或 MacOS），進而選擇想要安裝的版本。以
Windows 用戶為例，適合 Win10 安裝的版本是 Python3.10，
適合 Win7 安裝的版本是 Python3.8。Windows 又有 32 位元和
64 位元之分，在系統桌面上選擇「電腦」，擊右鍵，點「內
容」，可以查看系統版本。如果是 Win10_64 位元版本，就

下載 Python3.10 64-bit。如果是 Win7_64 位元版本，就下載
Python3.8 64-bit。如果是 Win7_32 位元版本呢？適合下載的肯
定是 Python3.8 32-bit。

　　下載很方便，安裝更簡單，安裝程式會一步一步提示我們
怎麼做。安裝好後，還有一個不可缺少的環節：為 Python 配
置環境變數。

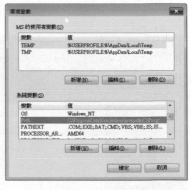

　　以 Win7 中文版為例，回到系統桌面，選中「電腦」，擊
右鍵，點「內容」，再點「進階系統設定」，快顯視窗「系統
內容」。點擊右下角按鈕「環境變數」，快顯視窗「環境變
數」。在這個視窗下方找到變數 Path（如果找不到，則新建
Path），點擊「編輯」按鈕，在變數值的開頭輸入 Python 的
安裝路徑，並以英文標點分號結束（如果是 Win10 系統，Path
變數值以串列形式存放，上下對齊，一目了然，無需分號）。

舉例來說，把 Python 安裝在 C:\Program Files (x86)\Python\
Python30，就在變數值開頭輸入 C:\Program Files (x86)\Python\
Python30\;。如果安裝在 C:\Users\Administrator\AppData\Local\
Programs\Python\Python38，則在變數值開頭輸入 C:\Users\
Administrator\AppData\Local\Programs\Python\Python38\;。輸入
完變數值，點擊確定，關掉彈窗，環境變數配置完畢。

這一系列操作有什麼用？我們動手寫幾行代碼就明白了。

運行 cmd，進入命令視窗，在跳動的命令提示符號後面輸
入 python，按輸入鍵，黑白螢幕上必將出現兩行英文字元，就
是已經安裝的 Python 版本資訊。

版本資訊下面有 >>> 和跳動的底線，可稱「Python 代碼
輸入提示符號」。也就是說，現在就能在提示符號後輸入代
碼、運行程式了。

不妨輸入一行最簡單的代碼：

```
print('Hello World，這裡是武俠程式設計！')
```

按輸入鍵，程式運行結果顯示在下一行：

```
Hello World，這裡是武俠程式設計！
```

再來幾行稍複雜的代碼：

```
for i in ' 武俠程式設計 ':
    print(i)
```

運行結果是這樣的：

```
武
俠
程
式
設
計
```

　　cmd 是 Windows 的命令交互入口，類似 Linux 的 shell，能呼叫很多程式，能打開很多文檔，前提是先輸入正確的檔案路徑。例如想在 cmd 視窗打開「D：\ 我的工作 \ 文稿內容 \」目錄下的 word 檔「武俠程式設計」，至少要輸入三行指令：

```
d:
cd 我的工作 \ 文稿內容 \
武俠程式設計 .doc
```

　　然而，剛才我們在 cmd 視窗打開 Python 時，既沒有切換磁片，也沒有指定路徑，直接輸入「python」，一敲輸入鍵，就自動進入 Python 的程式設計環境。為什麼可以這樣？

　　因為我們已經替 Python 配置環境變數，已經在作業系統的 Path 變數裡指定 Python 的安裝目錄。無論是在命令交互入口呼叫 Python，還是在這個作業系統下的任何一個程式設計環境呼叫 Python，都立刻可取。我們無需再告訴作業系統 Python 的目標位置在哪裡，因為作業系統的 Path 變數知道 Python 在哪裡。Path 是什麼？是「路徑」，是「行動計畫」，是讓作業系統快速呼叫某些程式的指路明燈。

　　如果你安裝其他程式設計語言，同樣要配置 Path。不配置行不行？有時也行，但為了安全地編寫程式，為了讓作業系統快捷地呼叫程式，還是配置為妙。

❧ 從大鬍子到大蟒蛇

　　相信你已經成功地替 Python 配置好 Path。現在呢？不急著寫代碼，請泡上一壺茶，或者煮一壺咖啡，聽我講講 Python 的故事。

　　程式設計語言都是被人發明出來的，Python 也不例外。Python 的發明者是吉多・范羅蘇姆（Guido van Rossum）──全球程式設計師公認的「Python 之父」。

　　可以用一個長句介紹：荷蘭人、學霸、電腦科學家、程式設計師，一九五六年出生，一九八九年發明 Python，二〇〇五年加入大名鼎鼎的 Google，二〇一三年加入 Dropbox（以發明  網路存儲和檔案同步工具而聞名於世的美國公司），二〇一九年宣布退休，二〇二〇年覺得退休生活太寂寞，於是重出江湖，在微軟公司繼續寫代碼。

　　這是他的照片，一個戴眼鏡的大鬍子。

　　順便說一句，很多電腦科學家和頂尖程式設計師都留著大鬍子。C 語言的發明者丹尼斯・里奇（Dennis M. Ritchie）、Unix 系統的發明者肯・湯普遜（Ken Thompson）、Java 語言

的發明者詹姆斯・高斯林（James Gosling）、Ruby 語言的發明者松本行弘、PHP 語言的發明者拉斯姆斯・勒多夫（Rasmus Lerdorf）、統計分析軟體 R 語言的共同發明者羅斯・伊哈卡（George Ross Ihaka）和羅伯特・傑特曼（Robert Clifford Gentleman）……這些大神級人物都是鬍鬚密布，有的黑鬍子，有的白鬍子，有的花白鬍子，有的連鬢絡腮鬍。以至於江湖後生們為了讓自己編寫的軟體流行起來，會故意留鬍子。

金庸先生虛構的江湖世界很少有大鬍子，尤其是男主角，以年輕帥氣的小鮮肉為主，通常不留鬍子。倒是《雪山飛狐》的主人公胡斐出場時，「滿腮虯髯，根根如鐵，一頭濃髮，卻不結辮，橫生倒豎般有如亂草」，和 Python 之父很像，頗有程式設計高手的風采。

范羅蘇姆這個大鬍子為何要發明 Python 呢？因為他用 Pascal 語言寫過程式，用 Fortran 語言寫過程式，也用 C 語言寫過程式，他覺得這些早期程式設計語言既晦澀又囉嗦，嚴重降低程式設計師寫代碼的效率和樂趣，必須用一門比較人性化的新語言取而代之。

與早期程式設計語言相比，范羅蘇姆更喜歡 Unix 作業系統的 shell。那些經常使用 Unix 系統、Linux 系統和 MacOS 系統的朋友，肯定對 shell 有所了解。shell 是我們和作業系統之間交互的命令列操作平臺，類似 Windows 系統的 cmd，但比 cmd 的功能更強大。范羅蘇姆發現，早期程式設計語言花幾百

行才能完成的工作，用 shell 寫幾行命令就能搞定，於是他決定發明一種像 shell 一樣既簡潔又強大的語言。

那時候，范羅蘇姆剛從阿姆斯特丹大學（University of Amsterdam）獲得數學和電腦科學碩士學位，在荷蘭數學和電腦研究所參加過新語言 ABC 的開發。ABC 易學易用，可惜功能薄弱，能做的事情太少，沒有流行起來。但開發 ABC 的過程卻讓范羅蘇姆練成基本功，為發明 Python 打下基礎。

一九八九年耶誕節，研究所放假，范羅蘇姆在家開始發明新語言。他借鑑 shell 的簡潔、ABC 的易讀、C 語言的一些語法和資料類型，且用 C 語言來開發編譯器，很快完成第一個版本，就是 Python 的原始版本。

做為英文單字，「python」本來是指希臘神話中的巨蟒。然而范羅蘇姆不喜歡巨蟒，之所以替這門新語言取名 Python，僅因為他少年時代痴迷一部名叫《蒙提·派森的飛行馬戲團》（Monty Python's Flying Circus）的情景喜劇，從劇名中截取 python 這個單字。最近十幾年，我看過不只一本 Python 教材在封面上用大蟒蛇做圖案，估計教材編寫者不太了解 Python 的命名緣起，也可能是覺得蟒蛇圖案有視覺衝擊力，有助於提升書的銷量。

每一門程式設計語言都有自己的名字，命名方式好像挺隨意、挺無厘頭，實際上另有深意。本書第一章介紹過的兒童程式設計軟體 Scratch，翻成中文叫「貓爪」，因為開發團隊裡

的那些年輕人喜歡養貓，角色庫裡預設的角色也是一隻可愛的小貓。另有一款 3D 版兒童程式設計軟體 Alice，最近幾年沒能流行起來，但其名字與 Scratch 一樣可愛——Alice 是英國童話《愛麗絲夢遊仙境》的主人公。Java 語言經常在程式設計語言流行榜上與 Python 互爭勝負，其名字源於爪哇島——爪哇的英文就是 Java。為什麼要用爪哇命名一門程式設計語言呢？因為爪哇盛產咖啡，而程式設計師普遍熬夜，全靠咖啡提神。再說最近幾年被譽為「區塊鏈最佳程式設計語言」的 Rust，其名稱來自於真菌裡的「鐵鏽菌」。Rust 開發團隊希望這門語言像鐵鏽菌一樣擁有頑強的生命力，所以連 logo 都是參照鐵鏽菌的樣子設計。此外還有 Swift 語言，swift 做為形容詞是「迅捷的」，做為名詞是「雨燕」，開發者希望 Swift 程式的運行速度像雨燕一樣迅捷。還有 Ruby 語言，本意是「紅寶石」……

　　閒話少說，接著說 Python。范羅蘇姆發明 Python 前，為這門語言設定簡潔和易讀的目標，他做到了嗎？拿 Python 和 C 語言簡單比較就會知道。

　　幾乎所有程式設計語言的第一課，都會讓使用者在螢幕上輸出「Hello World」。用 Python 語言編寫，只需一行代碼：

```
Print('Hello,World!')
```

用 C 語言編寫，至少需要三行：

```
#include <stdio.h>
int main()
{printf("Hello,World!\n");}
```

而為了讓代碼更具可讀性和層次感，C語言常常寫成六行：

```
#include <stdio.h>
int main()
{
    printf("Hello,World!\n");
    return 0;
}
```

判斷一種語言是否簡潔，關鍵看代碼量。實現同一種功能，甲語言至少要寫 m 行代碼，乙語言至少要寫 n 行代碼，如果 m<n，我們就說甲語言比乙語言簡潔，如果 m>n，乙語言就比甲語言簡潔。為了輸出「Hello World」，Python 寫一行就夠，C 語言至少三行，多則六行。誰更簡潔？一目了然。

還可以編寫代碼，讓電腦根據我們給定的規則做出判斷。先用 Python 編寫：

```
m = Python = 1
n = C = 3
If m < n:
    Print('Python 更簡潔 ')
else:
    print('C 更簡潔 ')
```

　　總共六行代碼。第一句用變數 m 代表 Python 的代碼量，賦值為 1；第二句用變數 n 代表 C 語言的代碼量，賦值為 3；後面幾句使用判斷語句 if... else...，如果 m<n，輸出「Python 更簡潔」，否則輸出「C 更簡潔」。

　　當然，其實用不著運行代碼，我們也能猜到結果肯定是「Python 更簡潔」。這段程式的實際價值，僅是讓你直觀感受一下 Python 的代碼格式。

　　下面再用 C 語言編寫功能完全相同的賦值語句和判斷語句：

```c
#include <stdio.h>
int main ()
{
 /* 區域變數 m 代表 Python 的代碼量 */
  int m = 1;
 /* 區域變數 n 代表 C 語言的代碼量 */
  int n = 3;
  if( m < n )
  {
  printf("Python 更簡潔 \n");
  }
  else
  {
    printf("C 更簡潔 \n");
  }
  return 0;
}
```

　　這一堆 C 代碼和前面 Python 代碼的邏輯結構一模一樣，
都是先給變數賦值，再用 if... else... 做判斷，最後輸出判斷結
果。然而，Python 只用六行，C 語言卻有十七行。更令程式設
計初學者頭大的是，這十七行 C 代碼看起來很難懂，很難分
清層次。就算是你學會 C 語言的語法規則和程式結構，也要
仔細辨認那些大括號，才能搞清楚電腦可能會優先執行哪幾行
代碼 —— 因為 C 語言就是用數不清的大括號替代碼分出優先
順序。

　　再看 Python，它摒棄大括號（唯有在創建「字典」變數
時會用到），改用強制縮進的方式給代碼分層：從左邊看，哪
一行代碼縮進愈多，愈會被優先執行。

　　if... else... 語句在 C 語言程式設計環境下可以上下對齊，
全不縮進：

```
if 條件運算式成立
{
執行語句 1
}
else
{
執行語句 2
}
```

　　也可以隨心所欲，根據心情任意縮進：

```
   if 條件運算式成立
          {
         執行語句 1
}
   else
   {
         執行語句 2
                        }
```

　　無論縮進與否，C 語言編譯器都不會報錯，因為它只看大括號。但在 Python 程式設計環境下，縮進是強制性的，有極其明晰的規則，只有正確縮進的代碼才能被 Python 執行。所以 Python 代碼層次分明，非常適合肉眼識別。換句話說，Python 代碼具有更強的可讀性。

↘ 將 Python 當成超級計算器

　　裝上 Python，配過 Path，介紹完 Python 的歷史和特色，讓我們見識 Python 的第一門神功：計算。

　　從開始功能表裡找到 Python3.8（或其他版本），點開折疊項，將看到 IDLE，它是 Python 初學者最常使用的程式設計環境，叫做「Python 直譯器」。Python 有直譯器，也有編譯器，直譯器和編譯器都能把我們輸入的代碼翻譯成電腦晶片直接執行的指令，但它們的具體功能和運作方式不相同。究竟有什麼不同？暫時不用管，本書第三章會細講。

　　打開 Python 直譯器，將看到一個白底黑字藍邊框的視窗，視窗前兩行是 Python 的版本資訊，版本資訊下面有一個 >>> 和跳動的游標，游標後面就是編寫代碼的地方。

　　隨便在游標後面輸入一個加法算式，例如 89 + 52，按輸入鍵，下一行立刻蹦出一組藍色數字 141，就是正確的計算結果。再隨便輸入一個減法算式，例如 50089.6 – 423，按輸入鍵，下一行又蹦出一組藍色數字 49666.6，也是正確的計算結果。

　　能不能輸入乘法或除法呢？沒問題。但你必須了解，Python 語言裡，相乘符號不能寫成 ×，必須用 * 代替；相除符號也不能寫成 ÷，必須用 / 代替。

　　不妨試試 × 和 ÷ 這兩個符號。輸入 3×4，按輸入鍵，看到了什麼？對，一行紅色的英文：「SyntaxError: invalid character in identifier」。再輸入 3÷4，蹦出來的還是這行紅色英文。紅色表示警告，這行英文的意思是說：語法錯誤，代碼裡面有非法字元！

```
IDLE Shell 3.8.7
File Edit Shell Debug Options Window Help
Python 3.8.7 (tags/v3.8.7:6503f05, Dec 21 2020, 17:59:51) [M
SC v.1928 64 bit (AMD64)] on win32
Type "help", "copyright", "credits" or "license()" for more
information.
>>> 3×4
SyntaxError: invalid character in identifier
>>> 3÷4
SyntaxError: invalid character in identifier
>>> 3*4
12
>>> 3/4
0.75
>>>
```

　　輸入 3*4，這回正常了，下面出現乘積 12。輸入 3/4，正確的商 0.75 也出現了。很明顯，對 Python 來說，筆算時常用的 × 和 ÷ 屬於非法字元。

　　其實所有流行的程式設計語言都將 × 和 ÷ 視為不可識別的計算符號，如果不信，你可以試試 C 語言、C++、C#、Rust、Java、Perl、PHP、Ruby、Swift、Go……這些語言要是能直接識別「3×4」和「3÷4」這類算式，我願意賠上一臺電腦。

　　為什麼各大程式設計語言連最簡單的乘除符號都不認識呢？這要從電腦的基本原理講起。

　　電腦做任何事情都是在計算，且只能用機器語言做計算。用電腦放電影、打遊戲、編文檔、看圖檔、收發郵件、檢索資訊，歸根結柢都是將一切訊號翻譯成機器語言，翻譯成 0 和 1 的不同組合。既然要翻譯成 0 和 1 的組合，就必須規定哪個組合代表加法、減法、相乘、相除、小寫字母 a、大寫字母 B、阿拉伯數字的 0 到 9 或常用的標點符號。

　　做一個龐大的表格，將數字、字母、標點、計算符號與 0、1 組合一一對應，這個過程叫做「字元編碼」。一九六三年，美國人公布第一張電腦編碼表，名為「美國標準資訊交換碼」（American Standard Code for Information Interchange），簡稱 ASCII（很多程式設計師誤將 II 當成羅馬數字 II，將 ASCII 讀成 ASC2，這是錯的）。

　　ASCII 規定，00101011 對應鍵盤上的 +，表示相加；00101101 對應鍵盤上的 -，表示相減；00101010 對應鍵盤上的 *，表示相乘；00101111 對應鍵盤上的 /，表示相除。換言之，世界上第一張電腦編碼表裡根本沒有留出位置給 × 和 ÷，而是用 * 代替 ×，用 / 代替 ÷。

　　從一九六三年到現在，電腦編碼表不斷擴充，早先只有數字、標點、計算符號和英文字元的編碼，後來加入聲音、圖像、中文、日文、韓文、俄文等各國文字的編碼。我們平常用電腦輸入中文，用到的編碼表就有 ANSI、Unicode、utf-8 等種類。但不管哪種編碼表，都必須成為國際標準，都必須和 ASCII 保持一致，否則全球電腦間將無法正常地交換資訊。

　　既然最早的電腦編碼 ASCII 是用 *、/ 代替 ×、÷，那麼後來的電腦編碼也都得這樣做。既然電腦編碼的乘除符號是 * 和 /，建立在編碼表之上的各種程式設計語言也必須採用 * 和 /。所以我們寫程式時，只能用 * 表示相乘，/ 表示相除。

　　國中生學數學會接觸到「指數」運算，有底數和指數，指數以上標的形式寫在底數右上角，例如 9^3 表示九的三次方，6^8 表示六的八次方。電腦編碼表裡有沒有乘方運算符號？有，但卻用 ** 表示：9**3 表示九的三次方，6**8 表示六的八次方。所以在絕大多數程式設計語言裡，乘方也得寫成 **。

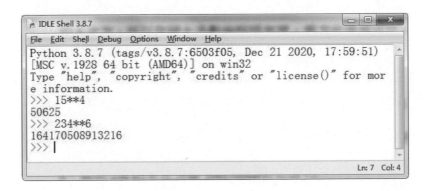

　　試一下 Python 直譯器的乘方運算，在游標後面輸入
15**4，顯示結果 50625，表示十五的四次方是 50625。再輸入
一行 234**6，顯示結果 164170508913216，表示為二百三十四
的六次方。

　　能不能來個加減乘除再帶指數的混合運算？完全沒問題。
例如，我在 Python 直譯器裡輸入一行比較長的混合算式：

```
>>> (185556-155)/6+(888815+5888888)*9+14884**2-15558*7/3-
35**2*3
```

　　敲輸入鍵，瞬間見到結果：

```
282523706.1666667
```

　　Python 直譯器處理混合算式，有一套非常精確的計算順
序：如果有括號，則優先計算括號裡面的式子，然後算指數、

算乘除，最後算加減；如果沒有括號，則優先計算指數，再算乘除，最後算加減；如果沒有括號和指數，先算乘除，再算加減；如果括號外面還有括號，外面的括號外面又有括號，那先裡層後外層，一層一層往外算，和剝洋蔥的順序相反。

下面這行算式就包含多層括號：

```
>>> (690+15*(63+(3*(25-4)*78+35/7*15)))*4-25**3
```

敲輸入鍵，出結果：

```
290255.0
```

我們來分析 Python 直譯器的計算順序：它先算最內層括號裡的 25 − 4，得 21；再算 3*21*78，得 4914；再算 4914+35÷7×15，得 4989；再算 63 + 4989，得 5052；再算 15×5052，得 75780；再算 690 + 75780，得 76470；再算 76470×4，得 305880；再算 305880 − 25³，結果為 290255。

中、小學時期做混合運算，常遇到多層括號，會分成小括號、中括號和大括號：小括號 ( ) 放在裡層，中括號 [ ] 放在外層，大括號 { } 放在最外層。而 Python 語言有強大的直譯器和編譯器，能自動識別和正確推斷多層括號的運算順序，反而不能識別算式當中的中括號和大括號。

不妨試著輸入一個簡單的算式：{[(3+4)-5]+8-7}+1。敲輸入鍵，Python 直譯器報錯：

```
Traceback (most recent call last):
    File "<pyshell#0>", line 1, in <module>
      {[(3+4)-5]+8-7}+1
TypeError: can only concatenate list (not "int") to list
```

其中 TypeError 後面那句英文警告的意思是，不要用串列去連接一項不屬於串列類型的數據。

為什麼給出這樣的警告？因為在 Python 語法裡，中括號只能用來構建串列（串列是 Python 使用最頻繁的一種資料結構），當直譯器看到 [(3+4)-5]，就把它當成一個串列，而串列只能與串列相加，不能加上一個數值，也不能加上一個字串。

[(3+4)-5]+8-7 外面還有大括號，而在 Python 語法裡，大括號只能用來構建字典（字典是 Python 的另一種資料結構），所以大括號同樣不能出現在加減乘除的運算式子裡。

Python 擅長計算，我們初學 Python，可以將 Python 直譯器當成一個超級計算器來用，進行加、減、乘、除、乘方、開方、面積、體積、求餘、階乘、對數、分數、三角函式、矩陣、微分、積分等運算。前提是，你必須掌握 Python 的語法規則，且在輸入算式時嚴格遵循這些規則。

↘ 是黃蓉算錯了，還是 Python 算錯了？

《射鵰英雄傳》第二十九回，黃蓉初見「神算子」瑛姑，瑛姑正在「計算五萬五千二百二十五的平方根」，算了半天都沒結果。

計算 55225 的平方根，屬於開方運算，手工推算當然很慢，但對 Python 來說，絕對是小菜一碟。

打開 Python 直譯器，輸入兩行代碼：

```
>>> import math
>>> math.sqrt(55225)
```

第一行代碼 import math 的意思是把數學計算標準函式庫 math 導入記憶體，所謂標準函式庫，相當於 Python 開發人員提前編寫好的工具包，只要導入進來，就能為我所用。Python 有許多這種工具包，其中 math 工具包專門用於常見的數學計算，包括乘方、開方、四捨五入、求餘、求公因數、求公倍數、求對數、求三角函式、求反三角函式……

第二行代碼 sqrt 是 Square Root（平方根）的縮寫，在工具包 math 後面加一個小圓點「.」，表示要從這個工具包裡取出某一個工具。在小圓點後面輸入 sqrt，表示要取出的工具是 sqrt。sqrt 後面輸入小括號，在小括號裡輸入數字 55225，表示將要從 math 工具包裡取出平方根工具，計算 55225 的平方根。

　　將以上兩行代碼輸進去，按輸入鍵，答案出來了：235.0。在原文中，「二百三十五」這個答案是黃蓉喊出來的，瑛姑沒有算出來。

　　瑛姑不服，又算「三千四百零一萬二千二百二十四的立方根」，仍然是黃蓉先報出答案：「三百二十四。」

　　黃蓉算得對嗎？用 Python 直譯器驗證：

```
>>> import math
>>> math.pow(34012224,1/3)
```

　　第一行代碼仍然是導入 math 工具包，第二行代碼 math.pow 表示從 math 工具包裡取出 pow。pow 是英文單詞 power 的縮寫，power 有「力量」的意思，也有「次方」的意思。math.pow(34012224,1/3)，計算 34012224 的 $\frac{1}{3}$ 次方。我們知道，次方是開方的逆運算，34012224 的 $\frac{1}{3}$ 次方等於 34012224 的立方。按輸入鍵，答案是 323.9999999999999。

　　黃蓉報出的答案是 324，Python 算出來的答案卻是 323.9999999999999，為什麼？是 Python 算錯了，還是黃蓉算錯了呢？很不幸，Python 算錯了。

　　怎麼回事？Python 不是號稱「超級計算器」嗎？怎麼會在一個小小的開方運算上翻車呢？因為剛才將開方運算轉化為乘方運算時，用到了一個除不盡的分數：$\frac{1}{3}$。

從數學意義上說，所有的分數都能轉化為小數，但除不盡的分數只能轉化為無限迴圈的小數。例如 $\frac{1}{3}$ 等於 0.33333333……小數點後面的 3 無限迴圈；$\frac{1}{7}$ 等於 0.142857142857……小數點後面的 142857 無限迴圈；$\frac{1}{13}$ 等於 0.076923076923……小數點後面的 076923 無限迴圈。

而從電腦原理上說，遇到類似 $\frac{1}{3}$、$\frac{1}{7}$、$\frac{1}{13}$ 這樣的分數，電腦不可能真的將其轉化成無限迴圈的小數，因為記憶體的算力不可能無限擴展。那電腦是怎麼儲存 $\frac{1}{3}$、$\frac{1}{7}$、$\frac{1}{13}$ 的呢？只能取一個盡可能精確的近似值。

例如，在 Python 的直譯器裡，$\frac{1}{3}$ 被近似處理為 0.3333333333333333，保留十六位小數，精度已經相當高。要是在代碼中加以精進處理，精度還可以更高。問題是，即便在小數點後面保留幾萬億個 3，也不能完美等於 $\frac{1}{3}$。當我們讓 Python 計算 34012224 的 $\frac{1}{3}$ 次方時，直譯器計算的實際上是 34012224 的 0.3333333333333333 次方，於是一個小小的誤差就出現了 —— 和理論上應該出現的結果 324 相比，Python 報出的結果差了那麼一點點。

再舉個類似的例子，計算 1000 的立方根，也就是讓 Python 計算 $\sqrt[3]{1000}$。我們知道，$\sqrt[3]{1000}=1000^{\frac{1}{3}}$。在直譯器中呼叫 math，輸入指令 math.pow(1000,1/3)，理論上的結果該是多少？10。可是電腦必須將除不盡的分數處理成近似相等的小數，所以 Python 算的不是 $1000^{\frac{1}{3}}$，而是 $1000^{0.3333333333333333}$，於

是報出的答案變成了 9.999999999999998。

　　怎樣才能讓 Python 報出理論上應該出現的開方結果呢？可以程式設計解決。最簡單的方法是，使用 Python 自帶的四捨五入函式 round，編寫幾行代碼，就能打造一個相對趁手的開方武器。代碼如下：

```
def rooting(radicand,n):
    # 導入數學計算標準函式庫 math
    import math
    # 對開方根求倒數，將開方運算轉化為乘方運算，用 math.pow 算
出原始結果
    o_root = math.pow(radicand,1/n)
    # 用四捨五入函式 round 處理原始結果
    root = round(o_root,4)
    # 將處理後的結果做為回傳值
    return(root)
    # 卸載 math 標準函式庫，騰出記憶體空間
del math
```

　　將以上代碼輸入直譯器，等於將我們打造的開方武器借給 Python。在直譯器沒有關閉和重啟的前提下，這個取名為 rooting 的開方武器可以隨時取用，隨時算出任何一個數字的任何次方。

　　想算 1000 的立方根？在直譯器裡輸入 rooting(1000,3)，結果是 10，不再是近似值 9.999999999999998。

　　想算 34012224 的立方根？輸入 rooting(34012224,3)，結果是 324，不再是近似值 323.9999999999999。

　　換一個更大的數，算 993020965034979006999 的七次方根。 輸入 rooting(993020965034979006999,7)，結果是 999，非常完美。如果還用標準函式庫 math 的 pow 函式來算呢？math.pow(993020965034979006999,1/7)，只能得出近似值 998.9999999999997。

　　由此可見，完全可以用自己編寫的代碼，對 Python 開發團隊已經開發好的武器做出優化，讓到手的武器更加好用。好比你得到一把屠龍刀，吹毛立斷，削鐵如泥，是鋒利了，可惜太重，掄不動，就想辦法將這把刀變輕一些。

遇到浮點數，拿出工具包

　　將 Python 直譯器當成超級計算器時，還會發現一些更加奇怪的翻車現象。例如 1 − 0.7，根本用不著程式設計，我們心算就知道答案，等於 0.3，然而 Python 算出的結果卻是 0.30000000000000004。再看 4 − 3.6，等於 0.4，Python 算出的結果卻是 0.3999999999999999。

```
IDLE Shell 3.8.7
File  Edit  Shell  Debug  Options  Window  Help
Python 3.8.7 (tags/v3.8.7:6503f05, Dec 21 2020, 17:59:51) [MSC v.1928
64 bit (AMD64)] on win32
Type "help", "copyright", "credits" or "license()" for more informatio
n.
>>> 1-0.7
0.30000000000000004
>>> 4-3.6
0.3999999999999999
>>>
                                                                Ln: 7  Col: 4
```

　　這可是最簡單的減法運算，被減數和減數都是有理數，且都沒有無限迴圈，照理說，電腦用不著像處理除不盡的分數那樣取近似值，為何結果保留一長串小數的近似值呢？

　　想解釋清楚這個問題，還得回到電腦原理。

　　日常使用的電腦之所以被稱為「電腦」，一是因為要用電驅動，電流在數以億計的電晶體中通過或斷開；二是因為處理資料的速度超快，幾乎可以像人類大腦一樣處理各種問題。

　　電腦顯示文檔、播放聲音、做科學計算、打遊戲時，都是在處理資料，那些小到肉眼不可見的電晶體中都會有電流通過或斷開。電流通過，相當於數字 1；電流斷開，相當於數字 0。當然翻過來也行，將電流斷開記為 1，將電流通過記為 0。總而言之，電腦底層的計算位元只能識別 0 和 1，所以輸入給電腦的任何訊號都得被處理成 0 和 1。

　　0 和 1 很簡單，透過「逢二進一」的方式排列起來，可以表示任意有限大的整數，這就叫「二進位」。例如 0 可以用 0 表示，1 可以用 1 表示，到 2 就進一位，用 10 表示。3 呢？用 11 表示。4 用 100 表示，5 用 101 表示，6 用 110 表示，7 用 111 表示，8 用 1000 表示，9 用 1001 表示，10 用 1010 表示，20 用 10100 表示，30 用 11110 表示……

　　不熟悉二進位的朋友乍聽起來會覺得頭大，其實原理很簡單：二進位數字中的每個 0 都是 $0 \times 2^{n-1}$，每個 1 都是 $1 \times 2^{n-1}$，其中指數裡的 n 就是進位。以十進位整數 57 為例，它等於

$1 \times 2^0 + 0 \times 2^1 + 0 \times 2^2 + 1 \times 2^3 + 1 \times 2^4 + 1 \times 2^5$。換成二進位，個位是 1，十位是 0，百位是 0，千位、萬位、十萬位都是 1，寫出來就是 111001。

關鍵是，我們在生活和工作中還要用到小數，小數用二進位怎麼表示呢？電腦科學家琢磨出一個盡可能精確的方法：整數部分仍然換算成 $0 \times 2^{n-1}$ 和 $1 \times 2^{n-1}$ 相加，小數部分則要換算成 $0 \times 2^{1-n}$ 和 $1 \times 2^{1-n}$ 相加。

n 是進位，大於等於 1，所以 n-1 大於等於 0，所以 $0 \times 2^{n-1}$ 和 $1 \times 2^{n-1}$ 相加永遠是整數；但 1-n 小於等於 0，當 1-n 小於 0 時，2^{1-n} 就成了分數，$0 \times 2^{n-1}$ 和 $1 \times 2^{n-1}$ 相加肯定也是分數。分數有的能除盡，有的不能除盡，如果除不盡，就成了無限循環小數。電腦遇到無限循環小數怎麼辦？還是像處理 $\frac{1}{3}$ 一樣，被迫取一個近似值。所以 Python 遇到小數時，常常取近似值。

就拿 0.7 這個再普通不過的小數來說，在 Python 直譯器裡輸入 0.7，實際上電腦將其處理成 0.699999999 或 0.700000001。讓 Python 計算 1 − 0.3，實際上它是用 1 減去 0.3 的近似值。

千萬不要以為 Python 是一門很笨的程式設計語言，換成其他任何一門程式設計語言試試，都會將一個不複雜的小數變成近似值，進而導致一個看似簡單的減法運算出現誤差。沒辦法，這就是機器的局限性。

如果不信，不妨在 C 語言的環境下輸入以下代碼：

```
#include <stdio.h>
int main()
{
    int a = 1;
    float b = 0.7;
  float c;
   c = a + b;
   if(c == 1.7)
        printf("C 語言算出 1+0.7 等於 1.7\n");
    else
        printf("C 語言算出 1+0.7 等於 %.10f\n", c);
    return 0;
}
```

以上代碼可以讓 C 語言計算 1 + 0.7，假如結果等於 1.7，就輸出「C 語言算出 1 + 0.7 等於 1.7」；假如計算結果不等於 1.7，就將計算結果保留十位小數報出來。

運行代碼，結果如下：

```
C 語言算出 1+0.7 等於 1.7000000477
```

你看，小學生都知道 1 + 0.7 等於 1.7，C 語言卻認為 1 + 0.7 等於 1.7000000477。原因無他，還是因為電腦將十進位小數轉化成二進位時，不得不對 0.7 取近似值。

　　前面代碼中有一行 int a = 1，意思是定義一個整數 a，將 a 賦值為 1；還有一行 float b = 0.7，意思是定義一個浮點數 b，將 b 賦值為 0.7。整數容易理解，浮點數是什麼東西呢？

　　粗略理解，可將浮點數當成小數。但我們想對程式設計語言有所了解，必須從電腦原理層面去把握浮點數的準確意涵。所謂浮點數，其實是電腦用 $0\times2^{n-1}$ 和 $1\times2^{n-1}$ 相加表示的二進位數字。這樣的二進位數字常常要取近似值，所以計算結果也常常是近似值。

　　工程上做計算，有近似值就行了。數學上做計算，近似值未必符合要求。怎麼才能讓程式設計語言做浮點數運算時給出準確值呢？Python 開發人員提供一個 decimal 標準庫，它是 Python 自帶的精確計算工具包，可以避免浮點數造成的計算誤差。decimal 翻成中文即「十進位」，十進位沒有浮點數，將用戶輸入的小數轉換成精確對應的十進位數字，就能避免計算誤差。

　　怎麼使用這個工具包呢？和使用 math 標準函式庫一樣，先將這個工具包導入到記憶體裡：import decimal。導入以後呢？再從工具包裡取出 Decimal 工具：decimal.Decimal()。Decimal 後面的小括號裡可以輸入小數，也可以輸入整數，甚至可以輸入加減乘除算式。

　　我們來試一下：

```
>>> import decimal
>>> decimal.Decimal(1-0.7)
```

結果竟然是這樣的：

```
Decimal('0.300000000000000044408920985006261616945266723
6328125')
```

本節開頭沒有用精確計算工具包，直接在直譯器裡輸入
1 - 0.7，結果是 0.30000000000000004，出現誤差；如今用了
decimal.Decimal()，小數點後面出現更多數字，仍然有誤差。
所謂的精確計算到底精確在哪裡呢？

不要急，再優化一下代碼：

```
>>> # 將數值不確定的浮點運算，轉化為數值確定的十進位運算
>>> def float_to_decimal(data_or_expression):
    # 先將輸入的數字或算式轉換成串
    number = str(data_or_expression)
    # 再導入精確計算標準庫 decimal
    import decimal
    # 使用精確計算工具包，算出精確結果
    result = decimal.Decimal(number)
    # 輸出精確結果
    print (result)
    # 卸載 decimal 標準庫，騰出記憶體空間
    del decimal
```

　　以上代碼構造一個全新的函式（第四章將詳細介紹「函式」和「自訂函式」），取名為 float_to_decimal，即「從浮點數到十進位」。函式後面小括號裡的 data_or_expression 屬於「引數」，代表即將處理的數值或算式。

　　如果有數值（例如 2.68）或算式（例如 15 – 0.49）傳給 float_to_decimal 函式，將先被轉換成字串（2.68 轉換成 ‘2.68’，15 – 0.49 轉換成 ‘15 – 0.49’），再被 decimal.Decimal() 算出精確結果。

　　這裡又出現一個新概念：字串。在任何一門程式設計語言中，字串和浮點數都是極其常見的資料類型。給電腦輸入同樣的內容，輸入方式不一樣，被電腦儲存的資料類型也不一樣。輸入 0.3，電腦立刻將其儲存成近似相等的浮點數；如果在 0.3 外面加上單引號或雙引號（必須使用英文狀態的引號），電腦就會將其儲存成字串。字串不會被近似處理，你輸入的是什麼，電腦儲存的就是什麼。代碼中之所以有一行 number = str(data_or_expression)，就是將數值或算式轉換成字串，免得電腦將小數存為浮點數時再來個「近似相等」。

　　問題是，字串不能直接參與數學運算。好比見到算式 15 – 0.49，是可以計算的；當算式變成「15」–「0.49」，完了，兩個文本相減，怎麼減？所以還要拿出 decimal 工具包，用 Decimal 工具在字串和數字之間來回切換，既能完成計算，又能杜絕「近似相等」造成的誤差。

　　代碼解釋完了，現在呼叫 float_to_decimal 函式，試試效果怎麼樣：

```
>>> float_to_decimal(1-0.7)
0.3

>>> float_to_decimal(1+0.7)
1.7

>>> float_to_decimal(4-3.6)
0.4

>>> float_to_decimal(15-0.49)
14.51
```

　　每次算出的都是精確值，成功消除浮點數運算造成的誤差。

↘ 變數：江湖上的未知數

　　回頭看看前面兩節的代碼。

　　為了在小數運算中消除浮點數誤差，我們編寫自訂函式 float_to_decimal，其中有一行代碼：number = str(data_or_expression)。等號左邊那個 number，是人為創建的變數。

　　為了在開方運算中報出理論上應該出現的正確結果，我們編寫了自訂函式 rooting，其中有一行代碼：root = round(o_root,4)。等號左邊的 root，也是人為創建的變數。

　　所謂「變數」，類似於代數裡的未知數。好比這道應用
題：「全體學生乘坐若干輛一模一樣的校車去春遊，如果每輛
校車坐四十五人，有十人不能上車，如果每輛校車坐五十人，
又會有一輛校車空著，請問共有多少輛校車？」設校車有 x
輛，列出方程式：

　　$45x+10 = 50 \times (x-1)$

　　解得 x=12，共有 12 輛校車。

　　在這裡，代表校車數量的未知數 x 就是一個變數。

　　如果用程式設計的方法解這道題，可以在 Python 直譯器
裡輸入三行代碼：

```
>>> for x in range(1,1001):
        if x*45+10 == 50*(x-1):
            print(' 校車共有 ',x,' 輛 ')
```

　　程式設計思路是這樣的：一所學校只要有校車，就不可
能少於一輛，也不太可能超過一千輛。創建變數 x，代表校車
數量，讓它的具體值從 1 逐步增加到 1000（range 的引數 1 和
1001 表示從 1 到 1000，而不是從 1 到 1001）。當增加到某個
數值時，恰好能滿足關係式 $45x+10 = 50 \times (x-1)$，就報出答案。

　　運行程式，直譯器報出正確答案：

```
校車共有 12 輛
```

　　雖說變數很像未知數，但其內涵要比未知數豐富得多。數學題裡的未知數只能是數值，程式設計語言裡的變數可以是任何資訊，包括數值、文本、文檔、聲音、圖像、影片……

　　你可以在 Python 直譯器裡輸入 x = 4，此時 x 成為整數，叫做「整型變數」；也可以輸入 x = 0.4，此時 x 成為小數，叫做「浮點型變數」；還可以輸入 x = 'Hello，武俠程式設計'，此時 x 成了文本，叫做「字串變數」。

　　整型、浮點型、字串，都是程式設計語言裡常見的資料類型，也是常用的變數類型。除此之外，Python 常用的資料類型還有布林型、串列、元組、字典。

　　布林型變數只有兩個值：True 和 False。當布林值為 True 時，代表某個條件得到了滿足；當布林值為 False 時，代表某個條件沒得到滿足。創建布林變數很容易，輸入 x = True 或者 x = False 即可。其中 x = True 表明創建布林變數 x，賦值為 True；x = False 表明創建布林變數 x，賦值為 False。

　　串列是用中括號和英文逗號創建的一串包含若干元素的資訊。輸入 x = ['武俠程式設計',12,0.98,2**8,3/7]，就創建一個串列變數。這個串列變數的名字是 x，包含五個元素，其中'武俠程式設計'是字串，12 是整型，0.98 是浮點數，2**8 和 3/7 是運算式（暫時可以將「運算式」理解為算式）。

　　串列裡的每個元素都有位置，術語叫「索引」。索引從 0 開始，從左到右依次增加。當串列 x 創建後，輸入 x[索引]，

將從 x 串列中讀取索引指向的元素。例如 x[0] 讀取第一個元素 ' 武俠程式設計 '，x[1] 讀取第二個元素 12，x[2] 讀取第三個元素 0.98……輸入 x[0:3] 呢？則將同時讀取第一個元素、第二個元素和第三個元素，然後產生一個新的串列。

串列裡的元素可以增加，也可以刪除。輸入 x.append(' 這是個新元素 ')，將在剛才創建的串列 x 裡增加一個字串 ' 這是個新元素 '。輸入 x.remove(' 這是個新元素 ')，又能將剛剛增加的那個字串元素從串列 x 中刪掉。

與串列相似的資料類型叫做「元組」，元組也是一串包含若干元素的資訊，需要用小括號和英文逗號來創建。輸入 x = (' 武俠程式設計 ',12,0.98,2**8,3/7)，就創建一個名叫 x 的元組。和串列相比，元組顯得比較死板，創建後只能讀取，不能修改。好比增加或刪除元素，或是將元素順序打亂重組，在串列裡可以操作，在元組裡就不行。

元組是由小括號和英文逗號創建，串列是由中括號和英文逗號創建，另一種資料類型「字典」則是用大括號、英文逗號和英文冒號創建。例如想替《射鵰英雄傳》的高手及其武力值創建字典，可以這樣輸入：

```
>>> x = {' 王重陽 ':100,' 歐陽鋒 ':95,' 老頑童 ':90,' 郭靖 ':80,' 洪七公 ':90,' 黃藥師 ':90,' 一燈大師 ':90,' 裘千仞 ':70}
```

　　該字典表示王重陽武功天下第一，打 100 分；倒練《九陰真經》的歐陽鋒居次，打 95 分；老頑童、洪七公、黃藥師和一燈大師的武功不相伯仲，均打 90 分；後起之秀郭靖的功夫稍遜，打 80 分；裘千仞功夫更遜，打 70 分。大夥完全不用在意這些打分是否客觀，我只是透過這個例子說明字典是怎樣創建的。

　　字典裡的每項元素都由兩部分構成，冒號前面的部分叫「鍵」（key），冒號後面的部分叫「鍵值」（value）。透過字典 .get(鍵) 的方法，可以讀取對應的鍵值。例如想查看郭靖在字典 x 中的武力值，輸入 x.get(' 郭靖 ')，串列將報出 80；想查看黃藥師在字典 x 中的武力值，輸入 x.get(' 黃藥師 ')，串列將報出 90。這個過程很像小學生查字典，對吧？其實每一個字典變數都像一部虛擬字典。

　　前面所舉的例子中，無論串列、元組、字典，還是整型、浮點型、字串，全用一個變數 x 來創建。這樣做不違反 Python 的語法規則，但我們在實際程式設計中盡量不要這麼做。一個真正的程式要創建的變數不僅很多，而且有很多種，為了避免混淆，為了讓代碼清晰可讀容易懂，必須規範變數命名。

　　什麼樣的變數命名才叫規範呢？首先是符合語法規範，其次是符合閱讀規範。

　　Python 變數的語法規範包括：每個變數名都只能以字母開頭；字母可以大寫也可以小寫；字母後面可以使用數字；單

個變數名內部不能出現空格；不能用 -=*、/|\~!&%$# 等標點符號和計算符號，但卻可以使用底線 _。

例如 x、x123、x_y、x__y、name6_7、apple、Apple、APPle……都是合乎語法規範的變數名；但像 123x、x+y、x/y、x y、6-7name、app%3le、#apple……就不合法，直譯器會報錯。

閱讀規範是什麼意思呢？就是盡量使用英文單詞或單詞縮寫來命名變數，多個單詞或單詞縮寫之間盡量使用 _ 分隔（或者以首字母大寫的形式分隔），單詞前面最好再用 Python 關鍵字標注變數類型。

例如，為武林高手創建一個字典變數，不妨命名為 dict_master，其中 dict 是英文單詞 dictionary（字典）的縮寫，也是 Python 語言環境下預設代表字典變數的關鍵字，master 則表示功夫大師，意思是我們創建的這個字典變數與功夫大師有關。dict 表明變數類型，master 表明變數內容，兩者中間用 _ 分隔，意義一目了然。再例如，為校車數量創建一個對應的變數，不妨命名為 int_SchoolBus，其中 int 表示整型（校車數量肯定是整數），SchoolBus 表示校車，School 和 Bus 兩個英文單詞的首字母都大寫，意義也是一目了然。

Python 和其他絕大多數程式設計語言都不允許用中文命名變數，但可以換成不加聲調的中文拼音。初學程式設計的朋友圖省事，喜歡在代碼裡使用拼音，看似簡單，實際上會帶來無窮無盡的麻煩。例如把 int_SchoolBus 改成 xiaocheshuliang，

把 dict_master 改成 wulingaoshou，別說老外看不懂，時間長了連自己都看不懂。

　　關於 Python 常用的各種變數，我們囉哩囉嗦扯了一大堆，卻未必知道它們的具體應用。所以，有必要來一個程式實例。什麼樣的程式實例呢？使用詞典和串列，讓電腦對文學作品做詞頻分析。

　　以下是我以前編寫的詞頻統計程式，加上注釋僅幾十行，但卻用到整型、布林型、字串、串列、詞典等多種變數：

```
''' 分析一部長篇小說，列出使用頻率最高的詞語 '''

# 導入三方庫 jieba（該工具包有強大的中文切詞功能）
import jieba

# 輸入待分析的文本名。如果該檔字元集不是 utf-8，先轉換成 utf-8
file = input(' 請問您要分析哪部小說？')
# 設定檔路徑和檔案類型
file_path = 'D:\\ 武俠程式設計 \\ 金庸全集 \\'
file_type = '.txt'
# 將該檔讀入記憶體，如果遇到不能識別的文本編碼，則忽視之
path_txt = open(file_path+file+file_type,'r',encoding='utf-8',errors=
'ignore')
# 讀取整個文本
txt = path_txt.read()
# 用 jieba 的精確模式進行分詞，然後存為串列
list_words = jieba.lcut(txt)
# 標點和分行符號不納入統計範圍
dict_excludes = {' ',' ','--',',',';',';',',','。',' ！',' ？',' 。',' 的 ','…','\n'}
# 初始化詞頻字典
```

```
dict_counts = {}

print()
print(' 下面開始分析 —— ')
# 開始統計詞頻
for word in list_words:
    # 單字詞語不納入統計範圍
    if  len(word) == 1:
        continue
    # 遍歷所有詞語，單個詞語每出現一次，其詞頻加 1
    else:
        dict_counts[word] = dict_counts.get(word, 0) + 1

# 將每個詞語的詞頻轉化成串列
items = list(dict_counts.items())
# 對所有詞語的詞頻按高低排序
items.sort(key=lambda x: x[1], reverse=True)

# 格式化輸出排名前一百的詞語及其出現次數
print()
for i in range(1,101):
    word,count = items[i]
    print('{0:<5}{1:>5}'.format(word, count))

# 導入標準庫 time，讓結果延時
import time
time.sleep(30)

# 卸載標準庫 time 和三方庫 jieba，騰出記憶體空間
del time
del jieba
```

　　運行程式，電腦提示「請問您要分析哪部小說」。輸入「射鵰英雄傳」，按輸入鍵，幾秒鐘後報出結果：

郭靖	2556
黃蓉	1701
洪七公	1043
說道	1035
一個	1015
歐陽鋒	1009
自己	968
什麼	954
師父	845
黃藥師	836
心中	759
武功	757
兩人	698
咱們	670
只見	669
一聲	666
周伯通	664
丘處機	600
不是	596
不知	585
他們	577
知道	544
功夫	539
只是	531
心想	522
當下	509
歐陽克	493
這時	492
梅超風	484
之中	455
爹爹	447
出來	436
原來	428
不敢	423

柯鎮惡	416
身子	401
裘千仞	400
如此	382
卻是	367
我們	363
不能	363
就是	360
突然	355
地下	355
你們	348
眾人	341
成吉思汗	341
左手	334
正是	322
怎麼	322
起來	321
穆念慈	321
弟子	320
如何	319
這裡	317
完顏洪烈	316
楊康	315
一陣	314
不禁	314
雙手	309
鐵木真	309
兄弟	306
完顏康	305
眼見	304
雖然	304
二人	303
忽然	296
身上	295
可是	292
右手	289

兩個	283
蒙古	275
喝道	273
問道	266
臉上	265
見到	264
今日	264
陸冠英	263
彭連虎	261
叫化	257
伸手	256
性命	252
楊鐵心	250
只怕	249
拖雷	245
梁子翁	238
出去	234
之後	234
哪裡	232
一招	230
敵人	230
六怪	230
難道	222
朱聰	222
說話	221
過去	221
此時	221
聲音	221
下來	219

　　結果表明，男主角「郭靖」是《射鵰英雄傳》出現頻率最高的詞，總共出現二千五百五十六次；其次是女主角「黃蓉」，出現一千七百零一次；「洪七公」出現一千零四十三

次，「歐陽鋒」出現一千零九次，「黃藥師」出現八百三十六次，「周伯通」出現六百六十四次，「丘處機」出現六百次……

　　該程式有沒有實用價值？肯定有。我有一位朋友是中國傳媒大學的教授，想研究世界名著《百年孤寂》作者加布列・馬奎斯（Gabriel García Márquez）最喜歡使用的詞語，讓幾個研究生幫忙統計很久都無法搞定。後來他們拿到數位版，再用這個程式跑一跑，一杯茶喝完，大功告成。

　　這就是程式設計的魅力。

## 第三章

控制語句，三招兩式

p> easygui.msgbox # 在說明模式下要閱 msgbox 的相關資訊
lp on function msgbox in easygui!

easygui.msgbox = msgbox(msg='(Your message goes here)', title='', ok_button='OK', image=None, root=None)
The `msgbox()` function displays a text message and offers an OK button. The message text appears in the center of the window, the title text appears in the title bar, and you can replace the "OK" default text on the button. Here is the signature::

    def msgbox(msg="(Your message goes here)", title="", ok_button="OK"):
    ...

The clearest way to override the button text is to do it with a keyword argument, like this::

    easygui.msgbox("Backup complete!", ok_button="Good job!")

Here are a couple of examples::

    easygui.msgbox("Hello, world!")

    :param str msg: the msg to be displayed
    :param str title: the window title
    :param str ok_button: text to show in the button
    :param str image: Filename of image to display
    :param tk_widget root: Top-level Tk widget
    :return: the text of the ok_button

於] quit 可退出說明模式

↘ 直譯器和編輯器

在 Python 直譯器裡寫代碼，有好處也有壞處。

好處是可以看到即時回饋：每輸完一行或幾行代碼，按輸入鍵即出結果。假如哪行代碼違反語法規則，例如該縮進沒縮進，該縮進兩個空格卻縮進三個空格，或者寫錯變數名、搞錯變數類型，該創建字典卻創建串列，該輸入數字卻輸入字串……那麼在這個時候，解譯器必定給出一堆紅色的英文字元，告訴我們有程式錯誤（bug）。

即時回饋是在 Python 直譯器進行程式設計的好處，那麼壞處是什麼呢？就是不適合編寫較長的程式。

以本書第二章末尾的詞頻統計程式為例，區區幾十行而已，把它輸進直譯器，結果一定是這個樣子：

```
IDLE Shell 3.8.7
File  Edit  Shell  Debug  Options  Window  Help
Python 3.8.7 (tags/v3.8.7:6503f05, Dec 21 2020, 17:59:51) [MSC v.1928 64 bit
(AMD64)] on win32
Type "help", "copyright", "credits" or "license()" for more information.
>>> '''分析一部長篇小說，列出使用頻率最高的詞語'''
'分析一部長篇小說，列出使用頻率最高的詞語'
>>> # 導入三方庫jieba（該庫具有強大的分詞功能）
>>> import jieba
>>> # 輸入待分析的文本名稱。如果該文本的編碼格式不是utf-8，則轉換為utf-8
>>> file = input('請問您要分析哪一部小說？')
請問您要分析哪一部小說？
>>> # 指定文檔路徑和文檔類型
>>> file_path = r'D:\武俠程式設計\金庸全集\'
>>> file_type = '.txt'
>>> # 將該文檔讀進記憶體，如果遇到不能識別的文本編碼，則忽視之
>>> path_txt = open(file_path+file+file_type,'r',encoding='utf-8',errors='ig
nore')
Traceback (most recent call last):
  File "<pyshell#9>", line 1, in <module>
    path_txt = open(file_path+file+file_type,'r',encoding='utf-8',errors='ig
nore')
NameError: name 'file_path' is not defined
>>>
                                                                  Ln: 20  Col: 4
```

還沒輸完就報錯，對不對？

直譯器為什麼會報錯？是因為程式有 bug 嗎？不。真正的原因是，直譯器會自動運行每一個代碼塊。什麼是代碼塊？就是「>>>」後面的代碼。「>>>」後面的代碼可能是一行，也可能是數行（第一行不縮進，底下各行縮進）。不管幾行，直譯器只要見到「>>>」，就將其後面的代碼視為一個完整的代碼塊。每輸入一個代碼塊，直譯器就自動運行一次。假如沒有從這個代碼塊獲取應有的引數，就會認為代碼有問題，進而向我們報錯。

請仔細觀察這張圖上的最後一個代碼塊：path_txt = open (file_path+file+file_type,'r',encoding='utf-8',errors='ignore')。這行代碼的功能是，打開指定目錄裡的指定文檔，以唯讀模式讀進記憶體，以便進行下一步處理。可是我們還沒有來得及指定目錄和文檔（這個工作應該最後才做），所以直譯器發現沒有文檔可以打開，於是立即報錯：

```
Traceback (most recent call last):
    File "<pyshell#9>", line 1, in <module>
        path_txt = open(file_path+file+file_type,'r',encoding='utf-8',
errors='ignore')
FileNotFoundError:[Errno 2] No such file or directory: 'D:\ 武俠程式
設計 \\ 金庸全集 \\.txt'
```

　　報錯後，還能繼續輸入後面的代碼塊嗎？不能。後面幾個代碼塊要將文本裡的詞語自動分開，存為列表，進而統計每個詞語出現的次數。所有這些操作的前提是，直譯器已經讀到指定文本。鑑於還沒有讀到文本，所以將陸續報錯，每輸一個代碼塊就報錯一次。除非在前面代碼塊中提前指定目錄和文檔，否則這幾十行代碼就白寫了。

　　結論很明顯：直譯器不適合編寫超過兩個代碼塊的程式。除此之外，直譯器還有一大弊端——很難讓代碼重複利用。

　　仍以詞頻統計程式為例，非要在直譯器裡編寫，可以這樣做：

```
>>> import jieba
>>> file = input(' 請問您要分析哪部小說？')
請問您要分析哪部小說？ 射雕英雄傳
>>> file_path = 'D:\\ 武俠程式設計 \\ 金庸全集 \\'
>>> file_type = '.txt'
>>> path_txt = open(file_path+file+file_type,'r',encoding='utf-8',
errors='ignore')
>>> txt = path_txt.read()
>>> list_words = jieba.lcut(txt)
>>> dict_excludes = {' ','--',' ',' ; ',' 。',' ！ ',' ？ ',' 。',' 的 ','…','\n'}
>>> dict_counts = {}
>>> print(' 下面開始分析 —')
下面開始分析 —
>>> for word in list_words:
    if  len(word) == 1:
        continue
    else:
```

```
        dict_counts[word] = dict_counts.get(word, 0) + 1
>>> items = list(dict_counts.items())
>>> items.sort(key=lambda x: x[1], reverse=True)
>>> for i in range(1,101):
    word,count = items[i]
    print('{0:<5}{1:>5}'.format(word, count))
```

　　扔掉程式注釋，在第二個代碼塊 file = input('請問您要分析哪部小說？') 執行時，先指定要分析的小說是《射鵰英雄傳》，再依次輸入後面的代碼塊。所有代碼輸完，程式正常運行，直譯器不會報錯，仍能給出正確的統計結果。

　　如果我們想分析另一部小說呢？還得按照嚴格順序，將所有代碼塊依次複製一遍。這很麻煩，也很自私，對不熟悉程式設計的朋友很不友好。例如有個朋友想用我們的詞頻統計程式，你總不能專程跑到他家，替他的電腦裝上 Python，再一行一行地重新敲一遍代碼吧？就算你非常熱心，用這種方式幫助朋友，然後呢？朋友關掉直譯器，所有代碼煙消雲散，下回使用還得再敲。

　　早些年，桌上型電腦剛興起的年代，微軟公司推出過一款簡單易學的程式設計語言 Basic。這門程式設計語言能做很多好玩的事情：排列字元、播放音樂、做數學題、編寫小精靈小遊戲……但只要一關機，辛辛苦苦編好的程式就不見了，下回想玩自己的小精靈，還得從頭再編寫一遍。Python 直譯器就像早年的 Basic，不能讓代碼重複利用。

　　Basic 不是強大的程式設計語言，Python 直譯器也不是真正的程式設計環境。我們要寫出較長的可複用程式，必須扔掉直譯器，換成編輯器。

　　編輯器是編寫代碼的工具軟體，至少具備三項功能：輸入代碼、修改代碼和保存代碼。符合這些基本要求的工具軟體非常多，Windows 的 notepad、MacOS 的 CotEditor、Linux 的 nano 和 Vim，都能被程式設計師當成編輯器使用。但在這些軟體裡，不能直接運行 Python 程式，也不容易檢查出代碼的語法問題。

　　例如在 notepad 裡輸入一行最簡單的代碼：

```
print('Hello，武俠程式設計')
```

　　按輸入鍵，沒反應。保存到桌面上，雙擊打開，還是這行代碼，不會自動運行。怎樣讓代碼運行起來呢？必須另存為副檔名為 py 的文檔，完成再打開一次。事實上，某些比較有個性的程式設計師就是這麼寫程式的：在隨便一個文字編輯器裡敲代碼，另存為 py 檔。

　　對程式設計初學者來說，一款好用的編輯器除了能輸入代碼、修改代碼和保存代碼外，還要能運行代碼。去哪裡找一款好用的編輯器呢？Python 就有。

　　先打開直譯器，再點功能表列的 File（檔），選擇 New

File（新建檔），或者直接使用快速鍵 Ctrl+N，一個標題為 untitled（未命名）的空白視窗蹦了出來，就是 Python 的編輯器。

　　這款編輯器有標題列和功能表列，功能表列上的 File（檔）用來保存程式，Format（格式）用來設置縮進格式，Run（運行）用來運行程式，Options（選項）用來設置代碼的字體和間距，功能表列下面的空白視窗則用來編寫代碼。

　　將我們的詞頻統計程式輸入進去，哇！好神奇，字串自動變成綠色，注釋自動變成紅色，關鍵字（例如 print、import、input、len、list、dict、range、if、else、True、False 等，這些英文單詞或單詞縮寫在 Python 程式設計環境下都有特定功能）自動變成紫色，變數和數字自動變成黑色。編輯器將代碼裡的各類資料以不同顏色自動顯示，這在程式設計術語裡叫做「語法突顯」（Syntax highlighting）。

　　除了具備語法突顯功能外，Python 編輯器還有自動縮進功能——每當下一行代碼需要縮進時，編輯器就自動縮進。當然，每層代碼究竟縮進多少個字元，需要點開功能表列上的 Format，提前進行設置。預設情況下，底層代碼會比上層代碼縮進一個 Tab 鍵的位置。我們將縮進設置成兩個 Tab 鍵行不行？沒問題。設置成三個或四個空白鍵行不行？也沒問題。反正只要在同一個程式中，同一層級代碼的縮進格式保持一致，編譯器就能正確識別和運行。

　　輸完代碼，點 Run（或按快速鍵 F5）運行。也可以先不運行，點 File，選 Save（保存），取一個名字，將這個程式存到工作目錄下（或使用快速鍵 Ctrl+S），副檔名自動變成 py。與此同時，編輯器功能表列上自動顯示出程式名稱和文檔目錄。

　　保存好的 py 檔既能隨時修改，又能重複利用。若有朋友借用這個程式，將 py 檔發送給他即可。

　　和直譯器相比，Python 編輯器自然是更加合適的程式設計工具，但專業程式設計師仍然覺得不夠好，喜歡使用一些整合式開發環境。什麼叫整合式開發環境呢？就是編輯器加上一大堆工具包，便於團隊協作，開發功能強大的應用軟體。如今常用的 Python 整合式開發環境有 Pycharm、Eclipse、Sublime Text 等。不過，本書只供程式設計初學者使用，不是專業程式設計師的技術文檔，所以後續章節裡的各種示例程式主要使用簡潔小巧的 Python 編輯器來完成。

◤ 編譯器和一燈大師

　　常有初學者誤將編輯器當成編譯器，其實二者完全不是一回事。編輯器的功能是編寫代碼，而編譯器的功能是將代碼翻譯成機器碼（就是 0 和 1 組成的機器語言），交給電腦去執行。我們編寫代碼時，看到的只是編輯器；運行代碼時，編譯

器才會悄悄啟動。另外，編譯器只在幕後運行，前臺不可見，我們看見的只是程式運行效果。

　　編譯器和直譯器有什麼不同呢？前者將代碼翻譯成機器碼，翻譯完再執行；後者將代碼翻譯成位元組碼，邊翻譯邊執行，這也是 Python 直譯器能做到即時回饋的原因所在。

　　冒出一個新概念：位元組碼。什麼是位元組碼？樣子有些像組合語言，但比組合語言更接近機器語言。我們在 Python 直譯器裡寫一個代碼塊，按輸入鍵，直譯器立刻將這個代碼塊翻譯成一種可以在多種硬體和多個作業系統上跨平臺運行的編碼形式，就是位元組碼。

　　想知道位元組碼是什麼樣子嗎？Python 有一個標準工具包 py_compile，負責將編寫好的 py 檔翻譯成位元組碼。

　　例如，打開 Python 編輯器，輸入那句「print('Hello，武俠程式設計')」，保存到 D:\ 武俠程式設計 \ 程式設計 \，取名 hello.py。再打開直譯器，輸入三行代碼：

```
>>>import py_compile
>>>py_file = r'D:\ 武俠程式設計 \ 程式設計 \hello.py'
>>>py_compile.compile(py_file)
```

　　直譯器會給出回覆：

```
'D:\\ 武俠程式設計 \\ 程式設計 \\__pycache__\\hello.cpython-38.pyc'
```

　　查看 D:\武俠程式設計\程式設計\，將發現一個名為 __pycache__ 的資料夾，資料夾裡有一個名為 hello.cpython-38 的文件，副檔名是 pyc，這個就是 Python 直譯器自動產生的位元組碼。用 notepad 或其他文字編輯器打開，將看到一堆亂碼。對我們來說是亂碼，對電腦來說卻是最接近機器語言的編碼。

　　直譯器工作時，從代碼塊產生位元組碼；編譯器工作時，從 py 文件產生機器碼。與編譯器相比，直譯器執行單個代碼塊的效率較高，但編譯代碼的層次較淺。

　　《射鵰英雄傳》第三十一回，郭靖背誦《九陰真經》上卷末尾的梵文音譯，一燈大師將其譯成漢語，那段情節有助於我們理解編譯器和直譯器的異同。原文寫道：

　　一燈驚嘆無已，說道：「此中原委，我曾聽重陽真人說過。撰述《九陰真經》的那位高人黃裳不但讀遍道藏，更精通內典，識得梵文。他撰完《真經》，上卷的最後一章是《真經》的總旨，忽然想起，此經若是落入心術不正之人手中，持之以橫行天下，無人制他得住。但若將這章總旨毀去，總是心有不甘，於是改寫為梵文，卻以中文音譯，心想此經是否能傳之後世，已然難言，中土人氏能通梵文者極少，兼修上乘武學者更屬稀有。得經者如為天竺人，雖能精通梵文，卻不識中文。他如此安排，其實是等於不欲後人明他經義。因此這篇梵文總綱，連重陽真人也是不解其義。豈知天意巧妙，你不懂梵

文，卻記熟了這些咒語一般的長篇大論，當真是難得之極的因緣。」當下要郭靖將經文梵語一句句地緩緩背誦，他將之譯成漢語，寫在紙上，授了郭靖、黃蓉二人。

這《九陰真經》的總綱精微奧妙，一燈大師雖然學識淵博，內功深邃，卻也不能一時盡解，說道：「你們在山上多住些日子，待我詳加鑽研，轉授你二人。」

一燈大師的翻譯分成兩個階段：先是「要郭靖將經文梵語一句句地緩緩背誦，他將之譯成漢語」，郭靖背一句，他翻譯一句，頗像直譯器。郭靖背誦的那段梵語是《真經》總綱，精微奧妙，難以「一時盡解」，一燈聽郭靖背完後，又經過多日思索，才將《真經》要旨融會貫通，毫不藏私地全盤傳授給郭靖、黃蓉二人，又類似於編譯器的工作方式。

所有程式設計語言都離不開編譯器，但只有一部分程式設計語言擁有直譯器。Python 當然有直譯器，Java、Javascript、VBscript、Perl、Ruby 和數學軟體 MATLAB 也有直譯器，而 C 語言、C++、Pascal、Delphi 等程式設計語言則沒有（除非某些手癢的程式設計師為其開發）。有時人們會將 Python、Java、Javascript 叫做「解釋型語言」，將 C、C++、Pascal 叫做「編譯型語言」。請務必注意，解釋型語言並非沒有編譯器，只是在編譯器之外又多出一個直譯器而已。

既然有了編譯器，為何還要直譯器呢？主要是因為直譯器

具備「即時回饋優勢」，在編寫只有一、兩個代碼塊且無需重複利用的小程式時，效率極高，還能迅速查出大程式裡的某個代碼塊到底出了什麼問題。

初學 Python 的朋友不妨養成一個習慣：將一個較大程式分解成不同代碼塊，先在直譯器裡依次輸入每個代碼塊，調試通過，再一行一行地複製貼上到編輯器裡，保存為 py 檔，運行整個程式，由編譯器翻譯成機器碼。

實際上，如此由淺入深，穩步突進，正是一燈大師翻譯《九陰真經》的方式。

➘ 段譽比劍

《天龍八部》第四十二回，段譽和慕容復在少室山上比武。慕容復又是使劍，又是用刀，又是拿出判官筆，連續更換幾種兵器。段譽呢？始終以一雙空手發射劍氣，用無意中學會的段家絕學「六脈神劍」對抗。原文說：

這商陽劍的劍勢不及少商劍宏大，輕靈迅速卻遠有過之，他食指連動，一劍又一劍的刺出，快速無倫。使劍全仗手腕靈活，但出劍收劍，不論如何迅速，總是有數尺的距離，他以食指運那無形劍氣，卻不過是手指在數寸範圍內轉動，一點一戳，何等方便？何況慕容復被他逼在丈許之外，全無還手餘

地。段譽如果和他一招一式的拆解，使不上第二招便給慕容復取了性命，現下只攻不守，任由他運使從天龍寺中學來的商陽劍法，自是占盡了便宜。

　　段譽沒有正經學過武功，刀劍和拳腳一竅不通，如果一招一式與慕容復對打，很快會死在慕容復手下；如果只攻不守，自顧自地將六脈神劍練一遍，慕容復反倒會被他的無形劍氣逼得手忙腳亂。段譽明不明白其中道理？當然明白，當時他腦子裡必定形成這種邏輯：

```
如果見招拆招，那麼結局是輸。
如果不見招拆招，那麼結局是贏。
```

　　以上邏輯可用 Python 語句表達：

```
if 見招拆招 :
    結局 = 輸
else:
    結局 = 贏
```

　　if... else... 句式叫做「判斷語句」，又叫「選擇語句」，是所有高階程式設計語言都有的句式，也是程式設計時經常用到的句式。

　　當然，由於使用中文變數「結局」和中文運算式「見招拆招」，上述代碼無法運行，只能用於描述程式設計思路或程式結構。這類描述性代碼在設計程式方案時常常用到，被稱為「虛擬碼」，又稱「偽代碼」。真正動手程式設計時，我們將虛擬碼轉化成符合 Python 語法規範的代碼：

```
if defense == True:
    result = 0
else:
    result = 1
```

　　defense 是「防守」的英文形式，意思接近於「見招拆招」。result 是「結果」的英文形式，意思接近於「結局」。這四行代碼裡創建 defense 和 result 兩個變數，且規定 defense 是布林型變數，有 True 和 False 兩個值；result 是整型變數，有 0 和 1 兩個值。

　　defense 的值為 True，意思是段譽選擇見招拆招；defense 的值為 False，表明段譽迴避見招拆招；result 的值為 0，表明段譽敗給慕容復；result 的值為 1，意思是段譽贏了慕容復。

　　代碼裡有等號 =，還有雙等號 ==，這兩種等號擁有不一樣的功能。在 Python 語言中，= 叫做「賦值符號」，用來給變數賦值；== 叫做「比較符號」，用來比較左右兩邊的變數是否相等。if defense == True，就是讓直譯器或編譯器做比較，比較布林變數 defense 是不是等於 True。如果等於 True，

則 result = 0，將整型變數 result 賦值為 0。否則執行 else 下面的語句 result = 1，將整型變數 result 賦值為 1。

　　這四行代碼還可以寫得更緊湊一些，去掉 = 和 == 兩邊的空格：

```
if defense==True:
    result=0
else:
    result=1
```

　　去掉空格後，程式照樣正常運行，但代碼的可讀性差了一點點──前面的變數和後面的數值擠到一起，不好看，也不容易識別。所以，在賦值符號 = 和比較符號 == 兩邊留出空格，算是一個良好的程式設計習慣。

　　還記得另一個好習慣嗎？先在直譯器裡編寫代碼，經調試通過，再複製貼上到編輯器裡。

　　打開 Python 直譯器，輸入代碼，注意留出空格，並讓兩個 result 設定陳述式保持同樣的縮進狀態：

```
>>> if defense == True:
    result = 0
else:
    result = 1
```

　　按確認鍵，直譯器竟然以紅字報錯：

```
Traceback (most recent call last):
  File "<pyshell#4>", line 1, in <module>
    if defense == True:
NameError: name 'defense' is not defined
```

為什麼報錯呢？注意看提示：「NameError: name 'defense' is not defined」，命名錯誤，名叫「defense」的變數沒有被定義。確實，我們一上來就讓直譯器判斷 defense 是否等於 True，然而事先沒有給 defense 這個布林變數賦值。

怎麼調試呢？當然是先給 defense 賦值，再輸入判斷語句：

```
>>> defense = False
>>> if defense == True:
        result = 0
else:
        result = 1
```

這回直譯器裡有了兩個代碼塊，前一個代碼塊 defense = False 是賦值語句，具體含義是做出預設，讓段譽放棄見招拆招，只管自己耍劍。

按輸入鍵，直譯器不再報錯，但也有給出任何結果。再檢查一遍代碼，原來判斷語句裡只給 result 賦值，卻忘了把賦過值的變數輸出到螢幕上，所以還要補充一行 print 代碼：

```
>>> print(result)
```

print 本義是「列印」，但做為 Python 的常用內置函式，print() 並非將小括號裡的變數傳送給印表機，而是將其輸出到螢幕上。包括在 Swift、Perl、VB、R 語言、Groovy、Lua 等程式設計語言中，print 同樣是最常用的螢幕輸出內置函式。而 C 語言的螢幕輸出函式是 printf，C++ 的螢幕輸出函式是 cout。在 Linux、Windows 和 MacOS 等作業系統的 shell 裡面，輸出函式則是 echo。

再按一次輸入鍵，Python 直譯器執行 print(result) 這個輸出語句，報出結果：1。result 為 1，表示段譽與慕容復比劍的結局是贏。

直譯器裡調試通過，說明代碼不再有 bug，打開編輯器，將正確的代碼複製過去，注意調整縮進格式：

```python
defense = False
if defense == True:
    result = 0
else:
    result = 1
print(result)
```

按快速鍵 F5，使程式運行起來，編輯器會彈出一個小小的對話方塊：

「Source Must Be Saved OK to Save?」（原始程式碼必須
保存，要選擇保存嗎？）當然要保存。點確定，給程式取一個
合適的名字，例如「段譽比劍」，保存到合適的目錄下。保存
後，後臺編譯器立刻啟動，將代碼翻譯成機器語言，交給記憶
體執行，執行結果會在另一個視窗當中顯示出來：

```
=============== RESTART: 段譽比劍 .py ===============
1
```

結果只出一個數字 1，我們懂得這個 1 代表的含義（段譽
贏），但別人未必懂，為了讓程式更加人性化，還要完善代
碼。不妨將 print 代碼塊擴充為另一個判斷語句，使整個程式
變成這樣：

```
defense = False
if defense == True:
    result = 0
else:
    result = 1

if result == 0:
    print(' 段譽將在比劍中輸給慕容復 ')
else:
  print(' 段譽將在比劍中勝過慕容復 ')
```

後一個判斷語句用來判斷 result 的值，如果值為 0，輸出
「段譽將在比劍中輸給慕容復」，否則輸出「段譽將在比劍中

勝過慕容復」。

按 F5 運行，程式輸出的結果好懂多了：

```
=============== RESTART: 段譽比劍 .py ===============
段譽將在比劍中勝過慕容復
```

細究起來，這個程式還缺乏互動環節，因此缺乏實用價值。對段譽來說，需要的是一個能幫他做決斷的程式：只要他輸入比劍策略，程式就能預測他的比劍結局。Python 恰好有一個能接受使用者輸入的內置函式 input，該函式的語法規則是：

```
字串變數 = input(' 提示使用者輸入某些內容：')
```

還是在直譯器裡試用 input 函式，先了解使用方法和實際功能，再回到編輯器完善代碼。試用過程從略，這裡直接給出完善後的代碼：

```python
# 使用者輸入模組
choice = input(' 請段公子在此輸入比劍策略：')

# 程式處理模組
if choice == ' 見招拆招 ':
    defense = True
else:
    defense = False

if defense == True:
```

```
        result = 0
    else:
        result = 1

    # 結果輸出模組
    if result == 0:
        print(' 你將在比劍中輸給慕容復 ')
    else:
        print(' 你將在比劍中勝過慕容復 ')
```

完善後的程式有了代碼注釋，還多出一行 choice = input（' 請段公子在此輸入比劍策略：'）。這行代碼使用 input 函式，創建字串變數 choice（選擇），提示段譽輸入比劍策略，輸入的內容將賦值給 choice。

再次運行，跳出一行藍色的文字：

```
請段公子在此輸入比劍策略：
```

假設段譽在冒號後面輸入「見招拆招」，程式會告訴他：

```
你將在比劍中輸給慕容復
```

反之，如果段譽輸入「我自己耍劍」，程式回饋的結果必是「你將在比劍中勝過慕容復」。也就是說，我們編寫的程式終於有了實際功能——能讓段譽科學決策，避免被慕容復取走小命。

加上注釋，加上 input 函式，再加上為了提高代碼可讀性而故意留出的空行，現在程式已經多達十九行。能否精簡一下呢？其實可以，應該將程式處理模組的兩個判斷語句合二為一，使代碼精簡到十一行：

```
# 使用者輸入模組
choice = input(' 請段公子在此輸入比劍策略：')

# 程式處理模組
if choice == ' 見招拆招 ':
    defense = True
    result = 0
else:
    defense = False
    result = 1

# 結果輸出模組
if result == 0:
    print(' 你將在比劍中輸給慕容復 ')
else:
    print(' 你將在比劍中勝過慕容復 ')
```

代碼精簡後，程式功能沒有丟失或變弱，程式設計思路卻顯得更加清晰易讀。所以，在確保「程式功能不變」和「代碼清晰易讀」的前提下，能精簡一定要精簡，能把代碼寫短就盡量不要寫長，這是程式設計師應該遵守的另一個好習慣。

還能繼續精簡嗎？是的。

```
# 使用者輸入模組
choice = input(' 請段公子在此輸入比劍策略：')

# 程式處理模組
if choice == ' 見招拆招 ':
    print(' 你將在比劍中輸給慕容復 ')
else:
    print(' 你將在比劍中勝過慕容復 ')
```

　　簡化到這個程度，程式處理模組和結果輸出模組合二為一，程式功能仍舊沒變，但卻削弱代碼的層次感。我們平常寫小程式不要緊，假如編寫幾百行、幾千行、幾萬行代碼，代碼必須層次分明、互不混淆。如果將處理模組和結果模組混到一起，將嚴重影響後期的調試和擴充。

　　用規範的方式寫程式，永遠讓代碼清晰易讀，是比「把代碼寫得更短」更重要的好習慣。例如，給變數 a、b、c 賦值，讓 a 等於 1，讓 b 等於 2，讓 c 等於 5，規範的寫法是：

```
a = 1
b = 2
c = 5
```

　　養成壞習慣的程式設計師卻喜歡這樣寫：

```
a,b,c = 1,2,5
```

　　對 Python 編譯器來說，兩種寫法等價。但對程式設計師來說，前一種寫法顯然更加清晰，後一種寫法雖然省掉兩行代碼，卻增加其他程式設計師閱讀代碼的難度。

　　再例如，給變數 a、b、c 重新賦值，讓 a 的數值加 1，讓 b 的數值減 2，讓 c 的數值 ×7，規範的寫法是：

```
a = a+1
b = b-2
c = c*7
```

　　而養成壞習慣的程式設計師往往會寫成這樣：

```
a += 1
b -= 2
c *= 7
```

　　後面這種寫法也能被編譯器正常編譯，但形式上比較晦澀，走的是邪路，對初學程式設計的小朋友來說很不友善。要命的是，某些資深程式設計師偏偏拿邪路當標準，強迫團隊裡的新手去學習。就好比茴香豆的茴字有多種寫法，孔乙己偏偏使用最冷僻的寫法來記帳，並強迫酒店裡的小夥計也照著做。

　　江湖上常言：「與人方便，自己方便。」只有養成用規範方式寫代碼的習慣，才能讓別人看得懂代碼，才能讓團隊協作成為可能，才能為自己的工作帶來便利。

↘ 段譽賞花

Python 的判斷語句有長有短，剛才只說了 if... else...，屬於不長不短的判斷語句。去掉 else，只留 if，則是最短的判斷語句。

《天龍八部》第七回，段譽的第一個女朋友木婉清來到大理，與段譽之父段正淳相見，被段正淳發現身世，她與段譽成婚的計畫化為泡影。木婉清憤怒地說：「他如果不要我，我……我便殺了他！」這就是最短的判斷語句，可以用虛擬碼表示為：

```
if 段譽不娶她：
    她就殺掉段譽
```

寫成代碼是這樣的：

```
choice = input(' 段譽，你是否迎娶木婉清？')
if choice == ' 不娶 '：
    print(' 她會殺了你！')
```

假如段譽決定娶她呢？身為一個性格簡單粗暴、做事直來直往的奇女子，木婉清似乎沒考慮這種情況，所以這裡只需要 if，不需要 else。

還有一種很長的判斷語句 if... elif... else...，中間的 elif 可以有很多很多個，用來模擬「如果……那麼……又如果……那

麼⋯⋯又如果⋯⋯那麼⋯⋯」之類的複雜判斷，語法格式是這樣的：

```
if 判斷條件 1：
        執行語句 1
elif 判斷條件 2：
        執行語句 2
elif 判斷條件 3：
        執行語句 3
elif 判斷條件 4：
        執行語句 4
……
else：
        執行語句 n
```

《天龍八部》第十二回，段譽誤闖曼陀山莊，教王夫人鑑賞茶花，分享一大堆如何分辨茶花品種的祕訣：

段譽道：「夫人妳倒數一數看，這株花的花朵共有幾種顏色。」王夫人道：「我早數過了，至少也有十五六種。」段譽道：「一共是十七種顏色。大理有一種名種茶花，叫做『十八學士』，那是天下的極品，一株上共開十八朵花，朵朵顏色不同，紅的就是全紅，紫的便是全紫，決無半分混雜。而且十八朵花形狀朵朵不同，各有各的妙處，開時齊開，謝時齊謝，夫人可曾見過？」王夫人怔怔地聽著，搖頭道：「天下竟有這種茶花！我聽也沒聽過。」

　　段譽道：「比之『十八學士』次一等的，『十三太保』是十三朵不同顏色的花生於一株，『八仙過海』是八朵異色同株，『七仙女』是七朵，『風塵三俠』是三朵，『二喬』是一紅一白的兩朵。這些茶花必須純色，若是紅中夾白，白中帶紫，便是下品了。」王夫人不由得悠然神往，抬起了頭，輕輕自言自語：「怎麼他從來不跟我說。」

　　段譽又道：「『八仙過海』中必須有深紫色和淡紅的花各一朵，那是鐵拐李和何仙姑，要是少了這兩種顏色，雖然八花異色，也不能算『八仙過海』，那叫做『八寶妝』，也算是名種，但比『八仙過海』差了一級。」王夫人道：「原來如此。」

　　段譽又道：「再說『風塵三俠』，也有正品和副品之分。凡是正品，三朵花中必須紫色者最大，那是虯髯客，白色者次之，那是李靖，紅色者最嬌豔而最小，那是紅拂女。如果紅花大過了紫花、白花，便屬副品，身分就差得多了。」有言道是「如數家珍」，這些名種茶花原是段譽家中珍品，他說起來自是熟悉不過。王夫人聽得津津有味，嘆道：「我連副品也沒見過，還說什麼正品。」

　　段譽指著那株五色茶花道：「這一種茶花，論顏色，比十八學士少了一色，偏又是駁而不純，開起來或遲或早，花朵又有大有小。它處處東施笑顰，學那十八學士，卻總是不像，那不是個半瓶醋的酸丁嗎？因此我們叫它做『落第秀才』。」王夫人不由得噗哧一聲，笑了出來，道：「這名字起得忒也尖酸

刻薄，多半是你們讀書人想出來的。」

　　段譽一口氣說了幾百字，其實用一個 if... elif... else... 就能
表述得清晰易讀無歧義。我們先用虛擬碼理清思路：

```
# 創建變數
數量 = 單株山茶的花朵數量
上品 = 各花異色、秩序井然
下品 = 花色駁雜、秩序混亂

# 使用者輸入模組
    1. 輸入數量
    2. 輸入花色

# 程式處理模組
if 數量 == 18 and 花色 == 上品 :
    品名 = ' 十八學士 '
elif 數量 == 17 and 花色 == 下品 :
    品名 = ' 落第秀才 '
elif 數量 == 13 and 花色 == 上品 :
    品名 = ' 十三太保 '
elif 數量 == 8 and 花色 == 上品 :
    品名 = ' 八仙過海 '
elif 數量 == 8 and 花色 == 下品 :
    品名 = ' 八寶妝 '
elif 數量 == 7 and 花色 == 上品 :
    品名 = ' 七仙女 '
elif 數量 == 3 and 花色 == 上品 :
    品名 = ' 正品風塵三俠 '
elif 數量 == 3 and 花色 == 下品 :
    品名 = ' 副品風塵三俠 '
elif 數量 == 2 and 花色 == 上品 :
    品名 = ' 正品二喬 '
```

```
elif 數量 == 2 and 花色 == 下品：
    品名 = ' 副品二喬 '
else:
    品名 = ' 段譽未提及，暫不歸類 '

# 程式輸出模組
    print( 品名 )
```

在編輯器裡編寫代碼：

```
''' 茶花品鑑程式
    用戶輸入單株茶花的花朵數量
    以及花色純粹與否
    程式輸出該株山茶的品名 '''

# 使用者輸入模組
number = int(input(' 請輸入花朵數目：'))
quality = input(' 請輸入花色品質（各花異色並且秩序井然為上品，否
則為下品）：')

# 程式處理模組
if number == 18 and quality == ' 上品 ':
    name = ' 十八學士 '
elif number == 17 and quality == ' 下品 ':
    name = ' 落第秀才 '
elif number == 13 and quality == ' 上品 ':
    name = ' 十三太保 '
elif number == 8 and quality == ' 上品 ':
    name = ' 八仙過海 '
elif number == 8 and quality == ' 下品 ':
    name = ' 八寶妝 '
elif number == 7 and quality == ' 上品 ':
    name = ' 七仙女 '
```

```
elif number == 3 and quality == '上品':
    name = '正品風塵三俠'
elif number == 3 and quality == '下品':
    name = '副品風塵三俠'
elif number == 2 and quality == '上品':
    name = '正品二喬'
elif number == 2 and quality == '下品':
    name = '副品二喬'
else:
    name = '段譽未提及，暫不歸類'

# 程式輸出模組
print('經段譽鑑定──')
print('這株山茶的品名是',name)
```

代碼開頭有一段程式說明，用連續三個單引號「'」和另外三個引號包圍，這是 Python 的另一種代碼注解形式。我們常用的代碼注解符號是＃，但每個＃後面只能寫一行注解，而'引號之間則可以寫多行注解。多行注解通常放在程式的開頭，或者一個類別、一個自訂函式的開頭。關於「類別」和「自訂函式」，本書後續章節還會講到它們的功能和用法，這裡不贅述。

Python 程式設計總是離不開引號，創建字串變數時使用單引號或雙引號，寫多行注釋時一定使用「'''」，就是三引號。要注意的是，這些引號必須成對出現，如果一行字串的開頭用了單引號，結尾也必須是單引號；假如開頭用雙引號，結尾就不能是單引號或三引號。例如'十八學士'是合法的字串，

" 十八學士 " 也是合法的字串，但寫成 " 十八學士 ' 或 ' 十八學士 " 就會報錯。"" 茶花品鑑程式 '" 是合法的注釋，寫成 "' 茶花品鑑程式 ' 就會帶來問題。

　　還必須注意，凡是在代碼裡發揮功能作用的標點，都必須是英文標點（只有字串內部可以用中文標點）。假如將 " " 換成「　」，將半形的 ! 換成全形的 ！，將 < > 換成《 》，直譯器和編譯器將無法識別。

　　不妨試一下，將 if number == 18 and quality == ' 上 品 ': 這行代碼末尾的冒號換成全形冒號「：」，保存並運行，編輯器自動彈出警告：

　　「invalid character in identifier」即「標識中出現無效字元」，將全形冒號改成半形冒號，代碼就會正常運行，提示使用者輸入花朵數目和花色品質。

　　在「請輸入花朵數目：」後面輸入數字 18，在「請輸入花色品質（各花異色且秩序井然為上品，否則為下品）：」後面輸入字元「上品」，程式將報出鑑定結果：

經段譽鑑定 ——
這株山茶的品名是 十八學士

再次運行代碼，輸入不同的花朵數目和花色品質，程式也都能給出正確鑑定。

但比較麻煩的是，每鑑定一次都必須再運行一遍程式。能不能讓這個程式一直鑑定下去、直到我們喊停呢？那需要學習另一種控制語句：迴圈語句。

↘ 郭靖磕頭

顧名思義，迴圈語句自然是讓程式反覆執行的控制語句。

Python 的判斷語句有三種：if... , if... else... , if... elif... else...。Python 的迴圈語句則只有兩種：for 迴圈，while 迴圈（另有 do... loop 迴圈，如今已不常用）。

先看 for 迴圈的語法格式：

```
for 變數 in 變數範圍：
    執行語句
```

再看一個最簡單的代碼示例：

```
for i in [1,2,3,4,5,6,7,8,9,10]:
    print(i)
```

i是變數，一個整型變數。[1,2,3,4,5,6,7,8,9,10] 是串列，包含從 1 到 10 的所有整數。整個代碼塊的意思是，讓變數 i 依次從 1 到 10 的整數當中取值，每取值一次，就將 i 的值輸出一次。

運行結果可想而知，必定是：

```
1
2
3
4
5
6
7
8
9
10
```

稍微修改一下輸出語句，將 print(i) 改成 print(i,end=' ')，這樣 print 就不再換行，輸出結果將變成：

```
1 2 3 4 5 6 7 8 9 10
```

上述代碼還可以變成這種形式：

```
for i in range(1,11):
    print(i,end=' ')
```

　　其中 range 是「範圍」的意思，range(n,m) 相當於從 n 到 m-1 的所有整數。以此類推，range(1,20) 相當於從 1 到 19 的所有整數，range(100,900) 相當於從 100 到 899 的所有整數，range(78,98) 相當於從 78 到 97 的所有整數。

　　for 迴圈的變數取值範圍可以是整數、小數、連續數、不連續數、數字串列，也可以是字串串列，甚至還可以是一個字串。例如 for character in‘武俠程式設計’這行代碼，意思就是讓變數 character 從字串‘武俠程式設計’裡依次取值——第一次取‘武’，第二次取‘俠’，第三次取‘程’，第四次取‘式’，第五次取‘設’，第六次取‘計’。如果這行代碼下面有執行語句，則該語句將依次執行六次。

　　《射鵰英雄傳》第十四回，郭靖在歸雲莊遇見江南六怪，大喜過望，搶出去磕頭，叫道：「大師父、二師父、三師父、四師父、六師父、七師父，你們都來了，那真好極啦！」

　　金庸先生原文說，郭靖「把六位師父一一叫到，未免囉嗦」。倘若使用 for 迴圈代替郭靖磕頭迎接呢？倒能稍微簡潔一些。

```
for master in [‘大師父’,‘二師父’,‘三師父’,‘四師父’,‘六師父’,‘七師父’]:
    print(master,end=‘、’)
print(‘你們都來了，那真好極啦！’)
```

使用 for 迴圈，讓變數 master 在串列 [' 大師父 ',' 二師父 ',' 三師父 ',' 四師父 ',' 六師父 ',' 七師父 '] 中依次取值，並在同一行內輸出改值，最後加上一句 " 你們都來了，那真好極啦 "。運行代碼，將輸出這樣一行結果：

> 大師父、二師父、三師父、四師父、六師父、七師父、你們都來了，
> 那真好極啦！

七師父後面應為逗號，程式卻輸出頓號，所以應該優化程式：

```
for master in [' 大師父 ',' 二師父 ',' 三師父 ',' 四師父 ',' 六師父 ',' 七師父 ']:
        if master != ' 七師父 ':
        print(master,end='、')
    else:
        print(' 七師父，你們都來了，那真好極啦！')
```

在 for 迴圈模組裡添加一個判斷語句：假如變數 master 的取值不等於 ' 七師父 ' 時（!= 在 Python 環境中表示「不等於」），始終在同一行列內依次輸出 master 的取值；否則，在行列末尾追加字串 ' 七師父，你們都來了，那真好極啦！'。

運行程式，輸出結果與郭靖在《射鵰英雄傳》中說的話一模一樣：

> 大師父、二師父、三師父、四師父、六師父、七師父，你們都來了，
> 那真好極啦！

　　實際上，原文描寫過於簡潔，郭靖依次向六位師父問好的同時，也依次向六位師父磕頭。為了類比更真實的場景，我們繼續修改程式：

```
for master in ['大師父','二師父','三師父','四師父','六師父','七師父']:
    if master != '七師父':
        print(master+'（郭靖磕頭）',end='、')
    else:
        print('七師父（郭靖磕頭），你們都來了，那真好極啦！')
```

　　輸出結果將變成：

```
大師父（郭靖磕頭）、二師父（郭靖磕頭）、三師父（郭靖磕頭）、
四師父（郭靖磕頭）、六師父（郭靖磕頭）、七師父（郭靖磕頭），
你們都來了，那真好極啦！
```

　　看過《射鵰英雄傳》的朋友都知道，郭靖本來有七位師父：老大柯鎮惡、老二朱聰、老三韓寶駒、老四南希仁、老五張阿生、老六全金發、老七韓小瑩。蒙古大漠一戰，老五張阿生死於「黑風雙煞」之手，所以郭靖只剩六位師父。

　　再進一步思考：郭靖需要迅速識別出六位師父的相貌，才不至於磕錯頭。換言之，他見到柯鎮惡只能喊「大師父」，見到朱聰只能喊「二師父」，假如邊喊「大師父」邊向南希仁磕頭，邊喊「二師父」邊向韓寶駒磕頭，那就亂套了，說不定會被性急如火的柯鎮惡和韓寶駒胖揍一頓。

怎樣才能避免郭靖挨揍呢？繼續修改代碼：

```
''' 創建字典 dict_master，
    以江南六怪的名字為鍵，以其排行為鍵值，
    將六怪的名字與排行一一對應 '''
dict_master = {'柯鎮惡':'大師父', '朱聰':'二師父', '韓寶駒':'三師
父', '南希仁':'四師父', '全金發':'六師父', '韓小瑩':'七師父'}
# 通過 for 迴圈，以六怪名字為 key，從字典 dic_master 中陸續取出
相應的排行
for master in ['柯鎮惡', '朱聰', '韓寶駒', '南希仁', '全金發', '韓
小瑩']:
    # 變數 appellation = 排行
    appellation = dict_master.get(master)
    # 變數 action = 郭靖的行為
    action = '郭靖見到'+master+'，喊'+appellation+'，然後磕頭'
    # 輸出郭靖的行為
    print(action)

# 迴圈結束，郭靖再致歡迎辭
print('郭靖最後說：你們都來了，那真好極啦！')
```

代碼加上注釋總共十六行，除了使用 for 迴圈，還用到字典變數、串列變數和字串變數。保存為 py 檔，取名「郭靖排行」，運行之，效果如下：

```
=============== RESTART: 郭靖磕頭 .py ===============
郭靖見到柯鎮惡，喊大師父，然後磕頭
郭靖見到朱聰，喊二師父，然後磕頭
郭靖見到韓寶駒，喊三師父，然後磕頭
郭靖見到南希仁，喊四師父，然後磕頭
郭靖見到全金發，喊六師父，然後磕頭
郭靖見到韓小瑩，喊七師父，然後磕頭
郭靖最後說：你們都來了，那真好極啦！
```

　　按照這樣的順序，郭靖決不會犯錯。

　　代碼中有一行 action = ' 郭靖見到 '+master+', 喊 '+ appellation+'，然後磕頭 '，需要專門探討。

　　代碼中的 ' 郭靖見到 ' 是一個字串，', 喊 ' 是一個字串，'，然後磕頭 ' 也是一個字串，而 master 和 appellation 都是變數。什麼類型的變數呢？字串變數。

　　如果不明白，請重讀代碼：for master in [' 柯鎮惡 '，' 朱聰 '，' 韓寶駒 '，' 南希仁 '，' 全金發 '，' 韓小瑩 ']，從一個全是字串的串列中依次取值，依次賦值給 master，所以 master 必為字串變數；appellation = dict_master.get(master)，以 master 為 key，從全是字串的字典 dict_master 中獲取鍵值，再賦值給 appellation，所以 appellation 也必定是字串變數。

　　這些字串和字串變數之間出現幾個 +，數學運算中，+ 表示數值的加和，而在字串操作中則表示字串的連接。action = ' 郭靖見到 '+master+', 喊 '+appellation+'，然後磕頭 '，就是在 ' 郭靖見到 ' 後面連上字串變數 master 的值，再連上 ', 喊 '，再連上字串變數 appellation 的值，再連上 '，然後磕頭 '。各個字串和字串變數頭尾相連，組成一個較長的新字串，再賦值給字串變數 action。

　　聽起來有些繞口，是吧？不要緊，我們在直譯器裡嘗試：

```
>>> '武俠 '+' 程式設計 '
' 武俠程式設計 '
>>> '我喜歡 '+' 程式設計，'+' 因為程式設計讓人生更美好！'
' 我喜歡程式設計，因為程式設計讓人生更美好！'
```

第一行用＋連接字串'武俠'和'程式設計'，直譯器輸出連接後的字串'武俠程式設計'。

第二行用＋連接字串'我喜歡'和'程式設計，'和'因為程式設計讓人生更美好！'，直譯器輸出'我喜歡程式設計，因為程式設計讓人生更美好！'。

```
>>> a = ' 武俠 '
>>> b = ' 程式設計 '
>>> c = ' 哈 '
>>> a + b + c*6
' 武俠程式設計哈哈哈哈哈哈 '
```

第一行將'武俠'賦值給變數 a，第二行將'程式設計'賦值給變數 b，第三行將'哈'賦值給變數 c，而第四行 a＋b＋c*6 竟然出現了乘號 *！其實這裡的 * 並非相乘，而是將一個字串重複輸出。c*6，就是將字串變數 c 的值重複輸出六次。a＋b＋c*6，即用 a 的值連接 b 的值，再連接重複輸出六次的 c 值，所以結果必定是'武俠程式設計哈哈哈哈哈哈'。

說到這裡，你會發現計算符號在程式設計語言當中的特殊含義。例如等號＝有時並不是相等，而是「對變數賦值」；

+ 有時並不是相加，而是「將字串連起來」；* 有時並不是相乘，而是「讓字串重複輸出若干次」。

我們能不能對字串使用減號和除號呢？這是絕對不允許的。因為字串的連接有實際意義，相減卻沒有意義（試想一下，用 ' 武俠 ' 減去 ' 程式設計 ' 有什麼意義？）；字串的重複輸出有實際意義，除以某個數字卻毫無意義。當然，你完全可以編寫一些自訂函式，讓減號和除號在字串操作中具備某種意義。代碼是你的，你說了算。

下面是我編寫的一個字串相減程式，計算規則是：假如前一個字串當中包含後一個字串，則從前一個字串中減去所包含的部分。

```python
# 字串相減函式
def minus(str1,str2):
    if str2 in str1:
        result = str1.replace(str2,'')
    else:
        result = str1
    return(result)

# 算式輸入及處理函式
def express():
    expression = input(' 直接輸入算式：')
    minus_index = expression.find('-')
    str1 = expression[0:minus_index]
    str2 = expression[minus_index+1:len(expression)]
    result = minus(str1,str2)
    print(expression + ' = ' + result)
```

```
# 主程序入口
if __name__ == '__main__':
    for i in range(1,4):
        express()
```

程式運行時，會先提示你輸入算式，然後會給出兩個字串
相減的結果。例如，輸入「武俠程式設計 - 程式設計」，結果
將是「武俠」；輸入「美利堅合眾國 - 合眾」，結果將是「美
利堅國」；輸入「段譽和郭靖對戰八百回合 - 段譽」，結果會
是「和郭靖對戰八百回合」。

```
=============== RESTART: 字串相減 .py ==============
直接輸入算式：武俠程式設計 - 程式設計
武俠程式設計 - 程式設計 = 武俠

直接輸入算式：美利堅合眾國 - 合眾
美利堅合眾國 - 合眾 = 美利堅國

直接輸入算式：段譽和郭靖對戰八百回合 - 段譽
段譽和郭靖對戰八百回合 - 段譽 = 和郭靖對戰八百回合
```

你看，Python 本來不能讓字串相減，但我們卻能制定出
字串相減的規則，編寫出字串相減的程式。在程式設計領域花
的時間愈長，江湖經驗愈多，你將愈認可那句話：「代碼是你
的，你說了算。」

不知道你有沒有留意到，在字串相減程式的「主程序入
口」部分，我又用了一個小小的 for 迴圈：

```
for i in range(1,4):
    express()
```

　　變數 i 在從 1 到 3 的整數範圍內依次取值，每取值一次，就呼叫一次自訂函式 express()，進而完成三次相減運算。這樣做有什麼好處呢？就是不用頻繁地啟動程式。

　　我還可以將 range(1,4) 改成 range(1,101)，使字串相減程式連續運行一百次。而程式每運行一次，這個程式的使用者就得輸入一個算式，直到筋疲力盡為止。不信嗎？儘管將主程序的 for 迴圈改成這樣子：

```
for i in range(1,101):
    express()
```

　　運行整個程式，你將需要不停地輸入字串相減算式，除非你用快速鍵 Ctrl+C 中斷運行，或者將 Python 視窗強行關閉。

↘ 別讓郭靖死在閉環裡

　　如果將 for 迴圈變成 while 迴圈，用戶就能隨時喊停，就不用再做程式的奴隸了。

　　while 迴圈的語法格式是：

```
while 滿足某個條件：
    執行語句
```

試著在直譯器裡寫一個簡單的 while 迴圈：

```
>>> i = 1
>>> while i < 101:
    print(i,end='；')
    i = i+1
```

第一個代碼塊只有一行，創建整型變數 i，設定 i 的初始值為 1。第二個代碼塊判斷 i 是否小於 101，如果小於 101，就不停地輸出 i 的值，並不停地讓 i 加 1，直到 i 等於 100 時，迴圈終止。

敲輸入鍵，直譯器必然輸出如下結果：

```
1；2；3；4；5；6；7；8；9；10；11；12；13；14；15；16；
17；18；19；20；21；22；23；24；25；26；27；28；29；30；
31；32；33；34；35；36；37；38；39；40；41；42；43；44；
45；46；47；48；49；50；51；52；53；54；55；56；57；58；
59；60；61；62；63；64；65；66；67；68；69；70；71；72；
73；74；75；76；77；78；79；80；81；82；83；84；85；86；
87；88；89；90；91；92；93；94；95；96；97；98；99；100；
```

現在插入幾行代碼，讓迴圈中途停止：

```
>>> i = 1
>>> while i < 101:
    print(i)
    i = i+1
    command = input(' 還繼續嗎？')
    if command == ' 停 ':
        break
```

第一個代碼塊不變，第二個代碼塊追加三行代碼，提示用戶輸入命令，什麼時候輸入「停」，什麼時候 break。break 是 Python 的內置函式，能讓迴圈中斷。

運行代碼，直譯器每輸出一次 i 的值，就問一次「還繼續嗎？」一直敲輸入鍵，它就一直輸出，直到你輸入「停」，迴圈結束。

```
1
還繼續嗎？
2
還繼續嗎？
3
還繼續嗎？
4
還繼續嗎？
5
還繼續嗎？
6
還繼續嗎？
7
還繼續嗎？
8
還繼續嗎？停
```

　　程式設計時，無論使用 for 迴圈還是 while 迴圈，都要給出迴圈終止的條件。特別是 while 迴圈，如果沒有終止條件，程式必將無休無止地運行下去，俗稱「閉環」。

　　《射鵰英雄傳》第四回，郭靖深夜上山拜師，五師父張阿生不幸受到重傷，二師父朱聰命令他向張阿生磕頭：

　　朱聰哽咽道：「我們七兄弟都是你的師父，現今你這位五師父快要歸天了，你先磕頭拜師罷。」

　　郭靖也不知「歸天」是何意思，聽朱聰如此吩咐，便即撲翻在地，咚咚咚地不停向張阿生磕頭。

　　張阿生慘然一笑，道：「夠啦！」

　　這段情節裡，朱聰的「磕頭拜師」命令就是 while 迴圈的執行條件，而張阿生那句「夠啦」則是 while 迴圈的終止條件。沒有終止條件會怎麼樣呢？從小就一根筋的郭靖將一直磕頭。

　　為了真正理解終止條件的重要性，請打開 Python 編輯器，將以上情節用 while 迴圈模擬出來：

```
command = ' 磕頭拜師 '
while command == ' 磕頭拜師 ':
    print(' 郭靖磕頭 ')
```

　　保存並運行之：

```
========== RESTART: 郭靖磕頭（沒有終止條件時）.py =======
郭靖磕頭
郭靖磕頭
郭靖磕頭
郭靖磕頭
郭靖磕頭
郭靖磕頭
郭靖磕頭
郭靖磕頭
郭靖磕頭
郭靖磕頭
郭靖磕頭
郭靖磕頭
郭靖磕頭
郭靖磕頭
郭靖磕頭
郭靖磕頭
郭靖磕頭
郭靖磕頭
......
```

是不是很可怕？此時要麼關掉程式，要麼按下 Ctrl+C，強
制中斷運行，否則郭靖非得活活磕死不可。換言之，郭靖將死
在這個閉環裡。

現在重啟編輯器，加上終止條件：

```
command1 = ' 磕頭拜師 '
while command1 == ' 磕頭拜師 ':
    print(' 郭靖磕頭 ')
    command2 = input(' 張阿生發話： ')
    if command2 == ' 夠啦 ':
        print(' 郭靖爬起來 ')
        break
```

再次保存運行，當郭靖磕到第七個頭時，我們輸入「夠
啦」，郭靖就會爬起來，磕頭停止，迴圈終止：

```
=========== RESTART: 郭靖磕頭（加上終止條件）.py =======
郭靖磕頭
張阿生發話：
郭靖磕頭
張阿生發話：
郭靖磕頭
張阿生發話：
郭靖磕頭
張阿生發話：
郭靖磕頭
張阿生發話：
郭靖磕頭
張阿生發話：
郭靖磕頭
張阿生發話：夠啦
郭靖爬起來
```

　　一定要記住，閉環是程式設計師的大忌，也是電腦的大
忌。無論多麼強大的電腦，記憶體都有限，而一個小小的閉環
就能耗盡電腦的記憶體。

　　《射鵰英雄傳》第十四回，郭靖和梅超風在歸雲莊比武，
他知道在見招拆招方面遠不如梅超風，於是使用師父洪七公教
他對付黃蓉「落英神劍掌」時的訣竅：不管敵人如何花樣百
出，千變萬化，只要把「降龍十八掌」中的十五掌連環往復、
一遍又一遍地使出來。顯而易見，郭靖對付梅超風的訣竅與

《天龍八部》中段譽對付慕容復的訣竅相同，都是將自己最擅長的招式迴圈使出來，本質上都屬於一個 while 迴圈。

但洪七公沒有教給郭靖另一個訣竅：當迴圈無效時，你就終止迴圈，否則你將像電腦耗盡記憶體一樣，耗盡自己的功力。是誇大其詞嗎？不是。且看《射鵰英雄傳》是怎麼描寫：

梅超風惱怒異常，心想我苦練數十年，竟不能對付這小子？當下掌劈爪戳，愈打愈快。她武功與郭靖本來相去何止倍蓰，只是一來她雙目已盲，畢竟吃虧；二來為報殺夫大仇，不免心躁，犯了武學大忌；三來郭靖年輕力壯，學得了降龍十八掌的高招；兩人竟打了個難解難分。

堪堪將到百招，梅超風對他這十五招掌法的脈絡已大致摸清，知他掌法威力極大，不能近攻，當下在離他丈餘之外奔來竄去，要累他力疲。

施展這降龍十八掌最是耗神費力，時候久了，郭靖掌力所及，果然已不如先前之遠。

降龍十八掌本來就耗神費力，而郭靖一遍又一遍地出掌，內力消耗更大，漸漸現出弱勢。此時郭靖該怎麼辦？可以向人求救，或者設法逃跑。但他卻繼續出掌拚鬥，繼續執行 while 迴圈。可以想見的是，如果無人上前幫助，那麼郭靖將死在這個不能結束的閉環裡面。

　　遇到 while 迴圈，真正的老江湖會給自己設定一個終止條件，避免過度消耗功力。《天龍八部》第二十六回，蕭峰用內力為傷重待斃的阿紫續命，便展現出一個老江湖的最優決策。以下摘錄比較關鍵的幾段：

　　到第四日早上，實在支持不住了，只得雙手各握阿紫一隻手掌，將她摟在懷裡，靠在自己胸前，將內力從她掌心傳將過去，過不多時，雙目再也睜不開來，迷迷糊糊的終於合眼睡著了。但總是掛念著阿紫的生死，睡不了片刻，便又驚醒，幸好他入睡之後，真氣一般的流動，只要手掌不與阿紫的手掌相離，她氣息便不斷絕。

　　……匆匆數月，冬盡春來，阿紫每日以人參為糧，傷勢頗有起色。女真人在荒山野嶺中挖得的人參，都是年深月久的上品，真比黃金也還貴重。蕭峰出獵一次，定能打得不少野獸，換了人參來給阿紫當飯吃。縱是富豪之家，如有一位小姐這般吃參，只怕也要吃窮了。

　　蕭峰連續四天輸送內力給阿紫，發現自己快要支持不住時，立即改變策略，前往關外原始森林，每天捕捉猛獸，兌換人參，用人參代替自己的內力消耗。蕭峰的策略可以概括成幾行虛擬碼：

```
while 阿紫奄奄一息：
    輸出內力給阿紫
    if 內力輸出達到極限：
        前往關外
        while 阿紫尚未復原：
            以猛獸換人參
            將人參餵阿紫
        if 阿紫復原：
            break
```

　　while 迴圈裡還有一層 while 迴圈，這種程式結構叫做「嵌套迴圈」。其中外層迴圈有一個終止條件：內力輸出達到極限；內層迴圈也有一個終止條件：阿紫復原。有了這兩個終止條件做保障，蕭峰既能保住內力，又能救活阿紫，絕不會像缺乏江湖經驗的郭靖那樣陷入閉環。

↘ 結構總共三招，只學兩招就夠

　　前面介紹了 while 迴圈、for 迴圈，以及 if... else... 和 if... elif... else... 之類的判斷語句。

　　人類語言中，陳述句和疑問句是常用語句；程式設計語言中，迴圈語句和判斷語句是常用語句。迴圈語句又叫「迴圈結構」，也叫「重複結構」；判斷語句又叫「判斷結構」，也叫「分支結構」、「選擇結構」和「條件結構」。

　　其實程式設計語言還有一種更常用的結構：順序結構。但

這種結構不用學：編輯器裡編寫代碼時，凡是超過兩行以上的
代碼，只要縮進相同，就將循序執行，永遠先執行上一行，再
執行下一行，再執行下下一行……

　　舉個例子：

```
a = ' 郭靖 '
b = ' 黃蓉 '
c = ' 洪七公 '
print(a)
print(b)
print(c)
print(a+b+c)
```

　　這七行代碼就是典型的順序結構，電腦會先執行第一行：
創建變數 a，賦值為 ' 郭靖 '；再執行第二行：創建變數 b，賦
值為 ' 黃蓉 '；再執行第三行，創建變數 c，賦值為 ' 洪七公 '；
然後執行第四行、第五行、第六行，依次輸出 a、b、c 的值；
最後執行第七行：將 a、b、c 三個字串變數連接起來，輸出連
接值。

　　程式運行結果必然是：

```
郭靖
黃蓉
洪七公
郭靖黃蓉洪七公
```

　　修改代碼，用 a、b、c 和 a+b+c 構造一個串列，用 for 迴圈輸出串列中的元素：

```
a = ' 郭靖 '
b = ' 黃蓉 '
c = ' 洪七公 '
list_master = [a,b,c,a+b+c]
for i in list_master:
    print(i)
```

　　運行結果沒變，但是從第五行開始，順序結構變成迴圈結構。

　　再修改代碼，將 for 迴圈變成 while 迴圈：

```
a = ' 郭靖 '
b = ' 黃蓉 '
c = ' 洪七公 '
list_master = [a,b,c,a+b+c]
i = 0
end = len(list_master)
while i < end:
    print(list_master[i])
    i = i+1
```

　　運行結果仍然沒變，但在迴圈結構裡有兩行代碼，縮進相同，電腦先執行 print(list_master[i])，再執行下一行 i = i+1，這又是順序結構。

繼續修改代碼，還能在迴圈結構外面加一層判斷結構：

```
a = '郭靖'
b = '黃蓉'
c = '洪七公'
list_master = [a,b,c,a+b+c]
i = 0
end = len(list_master)
if end >= 1:
    while i < end:
        print(list_master[i])
        i = i+1
else:
    pass
```

這回多了一個 if... else... 語句。變數 end 是串列 list_master 的元素個數，if end >= 1，意思是如果 list_master 至少有一個元素。滿足這個判斷條件，就用 while 迴圈輸出全部元素；不滿足這個判斷條件呢？那就 pass。pass 是 Python 的另一個內置函式，意思是啥都不用做，有「直接躺平」的意思。

原本只有七行代碼，如今擴充到十二行，試著運行一下，結果仍然是：

```
郭靖
黃蓉
洪七公
郭靖黃蓉洪七公
```

　　真正程式設計時，我們絕不會如此無聊，故意畫蛇添足，將七行代碼就能搞定的事情用十二行去完成。所以這裡只是舉舉例子，讓不熟悉程式結構的讀者朋友看看順序結構、判斷結構和迴圈結構在代碼中到底是怎樣自由使用。而那些超級複雜的大程式，也都是用順序結構、判斷結構和迴圈結構反覆組合而成。

　　從結構上講，程式設計總共只有三招：順序結構、判斷結構、迴圈結構。其中順序結構又簡單到不用學就能掌握，所以程式設計初學者只需要重點練習判斷結構和迴圈結構就行了。

　　還記得《笑傲江湖》的令狐沖初學獨孤九劍嗎？劍宗泰斗風清揚告訴他：「今晚你不要睡，咱們窮一晚之力，我教你三招劍法。」令狐沖心想：「只三招劍法，何必花一晚時光來教。」風清揚又說：「一晚之間學會三招，未免強人所難，這第二招暫且用不著，咱們只學第一招和第三招。」

　　最後令狐沖花了整整一個晚上，只向風清揚學會了獨孤九劍第三招裡的小半招。而即便只學小半招，也讓令狐沖在次日比武中擊敗快刀高手「千里獨行」田伯光。

　　我們學習程式設計，比令狐沖學習獨孤九劍簡單多了。原本三招結構，我們只學兩招，而這兩招的威力絕不亞於獨孤九劍。所以請不要畏難，但也不可輕視，一遍一遍地練，反反覆覆地用，多觀摩，多學習，多實戰，就能真正熟練掌握判斷結構和迴圈結構。

　　老話說，他山之石，可以攻錯，為了加深大家對 Python 判斷結構和迴圈結構的理解，下面看看其他程式設計語言的同類語法。

　　我學的第一門程式設計語言是微軟公司的 Visual Basic，簡稱 VB，它的判斷結構是這樣的：

```
If 滿足條件 1 Then
執行語句 1
ElseIf 滿足條件 2 Then
執行語句 2
ElseIf 滿足條件 3 Then
執行語句 3
……
Else
執行語句 n
End If
```

　　看清楚和 Python 的區別了嗎？首先，if 和 else 的首字母必須大寫（為減少程式師的工作量，VB 編輯器會自動將關鍵字首字母變成大寫）；其次，用 Then 這個關鍵字代替冒號；再其次，elif 在這裡要寫成 ElseIf；再其次，執行語句不用縮進（為了讓代碼清晰易讀，有經驗的 VB 程式師會採用人工縮進的辦法）；最後，一個判斷結構必須用關鍵字 End IF 標識結尾。

　　和 Python 一樣，VB 的迴圈結構也分為 for 迴圈和 while 迴圈，其中 for 迴圈的語法規則是：

```
For 變數 = 初值 To 終值
執行語句
Next
```

　　迴圈結尾必須用關鍵字 Next 標注，而變數取值範圍則是用「初值 To 終值」這樣的語句來決定。想讓電腦輸出 1、2、3、4……直到 100，用 VB 的 for 迴圈寫出來是：

```
Dim i as Integer
For i = 1 To 100
print i
Next
```

　　Dim i as Integer，意思是用關鍵字 Dim 創建變數 i，聲明它是整型變數。

　　使用變數前，先得聲明變數類型，這是許多程式設計語言的要求。但 Python 沒這麼麻煩，無論是整型變數、浮點型變數、字串變數，還是串列變數、字典變數、元組變數，都是想用就用，無需事先聲明。另外，許多程式設計語言在聲明一個變數屬於什麼類型後，後面的代碼必須小心翼翼地避免改變其類型。而 Python 也沒有這條清規戒律，一個變數在上一行代碼中還是整型，到下一行就能變成浮點型。Python 常常被程式設計師叫做「動態語言」，就是因為它的變數類型是隨時可變的。

接著看 VB 的 while 迴圈：

```
While 滿足條件
執行語句
Wend
```

Wend 是 While end 的縮寫，VB 需要用這個關鍵字告訴編譯器，while 迴圈的執行語句將在何處結束。假如一個 while 迴圈的結尾沒有用 Wend 做標記，VB 編譯器將不知所措。

用過 Linux 作業系統的朋友都知道，該系統常常需要使用者在 shell 環境裡編寫腳本，完成相對複雜的操作。Linux 腳本同樣有判斷結構和迴圈結構，在每一個判斷模組或迴圈模組的結尾，同樣需要特定的關鍵字標注，否則作業系統就處理不了。

先看 Linux 腳本的判斷結構：

```
if 滿足條件 1
then
執行語句 1
elif 滿足條件 2
執行語句 2
elif 滿足條件 3
執行語句 3
……
else
執行語句 n
fi
```

是不是很像 VB 語言？第一，不需要縮進（有經驗的 Linux 程式設計師為了讓腳本清晰易讀，該縮進還是要縮進）；第二，每行 if 或 elif 下面都要有關鍵字 then；第三，判斷結構的結尾必須用一個關鍵字做標記。只不過，VB 用 End If 做標記，Linux 卻是用 fi 做標記。fi 是 if 的反寫，這個設定相當有趣。

再看 Linux 腳本的迴圈結構：

```
for 變數 in 取值範圍
do
執行語句
done
```

這是 Linux 的 for 迴圈，用關鍵字 do 做為循環體的開頭，用關鍵字 done 做為循環體的結尾。do 是「開始做」，done 是「做完了」，非常接近人類語言，也是很有趣的設定。

```
while 滿足條件
do
執行語句
done
```

這是 Linux 的 while 迴圈，同樣用 do 標記開頭，用 done 標記結尾。

最後再看看最經典的程式設計語言 C 語言怎樣給判斷結構和迴圈結構做標記。

```
if ( 滿足條件 1)
{
執行語句 1;
}
else if ( 滿足條件 2)
{
執行語句 2;
}
else if ( 滿足條件 3)
{
執行語句 3;
}
......
else
{
執行語句 n;
}
```

這就是 C 語言的判斷結構，每一層執行語句都用左大括號開頭，用右大括號結束。

```
while ( 滿足條件 )
{
執行語句 ;
}
```

這是 C 語言的 while 迴圈，還是用左大括號標記循環體的開頭，用右大括號標記循環體的結尾。

我們知道，C++、C# 和 Java 都是在 C 語言基礎上發展出來的程式設計語言（Python 編譯器也是用 C 語言開發出來的，

但 Python 的程式設計思想和語法規範卻和 C 語言大相徑庭），所以這幾種語言都繼承 C 語言的風格 —— 無論是 if... else... 語句，還是 for 迴圈和 while 迴圈，統統用左右大括號做標記。如果用 C++、C# 或者 Java 寫嵌套迴圈和嵌套判斷，那麼一層又一層的大括號將大量湧現，類似這個樣子：

```
while ( 滿足條件 1)
{
    執行語句 1;
    if ( 滿足條件 2)
    {
        執行語句 2;
        while ( 滿足條件 3)
        {
            執行語句 3
        }
        ... ... ...
    }
    ... ... ...
}
```

　　Python 語言中，嵌套迴圈和嵌套判斷透過強制縮進實現：內層迴圈必須比外層迴圈縮進更多，哪層代碼塊縮進愈多，愈會被編譯器優先執行。這種語法規範至少有一個好處：不會再讓程式設計師被眼花繚亂的大括號搞得頭暈。

第四章

函數和計算的本質

> easygui.msgbox # 在說明模式下查閱 msgbox 的使用說明
p on function msgbox in easygui.

sygui.msgbox = msgbox(msg='(Your message goes here)', title='', ok_
utton='OK', image=None, root=None)
    The "msgbox()" function displays a text message and offers an OK
button. The message text appears in the center of the window, the title
text appears in the title bar, and you can replace the "OK" default text
on the button. Here is the signature::

    def msgbox(msg="(Your message goes here)", title="", ok_button="OK"):

    ....

    The clearest way to override the button text is to do it with a keyword
argument, like this::

    easygui.msgbox("Backup complete!", ok_button="Good job!")

    Here are a couple of examples::

    easygui.msgbox("Hello, world!")

    :param str msg: the msg to be displayed
    :param str title: the window title
    :param str ok_button: text to show in the button
    :param str image: Filename of image to display
    :param tk_widget root: Top-level Tk widget.
    :return: the text of the ok_button

quit 可退出說明模式

↘ 戰鬥力計算模型

　　金庸先生寫了十幾部武俠小說，塑造至少幾百名武林高手，知名度比較高的有：喬峰（蕭峰）、段譽、郭靖、黃蓉、楊過、小龍女、黃藥師、洪七公、歐陽鋒、周伯通、慕容復、令狐沖、任盈盈、任我行、向問天、獨孤求敗、東方不敗、一燈大師、袁承志、陳家洛、文泰來、石破天、陳近南……

　　這麼多高手，誰是第一？誰是第二？如果按照「能打程度」做一個排名，該怎麼計算他們的戰鬥力呢？

　　有一個比較可靠的戰鬥力計算模型：

$$戰鬥力 = \frac{1}{2}\left[\left(\sqrt{內力} + \sqrt{招式}\right)\right]^2$$

　　也就是說，戰鬥力高低取決於兩個因素，一是內力，二是招式。分別對內力值和招式值開平方，再求和，然後再開方，最後再乘以 0.5，就能得到一個人的戰鬥力值。

　　打個比方，喬峰和段譽較量戰鬥力，前者內力偏弱而招式極強，後者內力極強而招式太爛。如果我們為喬峰的內力打八分，為其招式打十分；為段譽的內力打十分，為其招式打一分，代入戰鬥力計算模型，則有：

$$喬峰戰鬥力 = \frac{1}{2}\left[\left(\sqrt{8} + \sqrt{10}\right)\right]^2 \approx 18$$

$$段譽戰鬥力 = \frac{1}{2}\left[\left(\sqrt{10} + \sqrt{1}\right)\right]^2 \approx 9$$

　　喬峰戰鬥力約為十八，段譽戰鬥力約為九，倘若雙方對決，一個喬峰能打兩個段譽。

　　你可能不贊同這個結論，因為喬峰對段譽的「六脈神劍」頗為忌憚，在《天龍八部》第四十二回，親眼見到段譽和慕容復比武，心裡想：「三弟劍法如此神奇，我若和慕容復易地而處，確也難以抵敵。」但在實戰當中，喬峰三招兩式就生擒慕容復，而段譽卻與慕容復纏鬥良久，最後還險些死在慕容復同歸於盡的招式之下。由此可見，喬峰戰鬥力實際比段譽高得多，應該沒有疑問。唯一不夠客觀的是，段譽的招數值可能超過一分，而喬峰的內力值也可能高於八分。剛才的計算中，究竟給招數值和內力值打多少分，完全是靠主觀判斷，而這往往會有誤差。

　　假如我們能得到一張精準無誤的打分表，上面記錄著每個高手的內力值和招數值，那麼只需依次代入公式，就能精準無誤地算出每個高手的戰鬥力值，進而製成一張完美的戰鬥力排行榜。

　　逐個代入公式計算，每次都要算開方、算平方，手工計算易出錯，用計算器幫忙也很繁瑣，能不能寫一個程式來自動計算呢？

　　當然可以。下面是我在 Python 編輯器裡寫的戰鬥力計算程式：

```
# 戰鬥力計算函式
def cal_fighting_capacity(force,moves):
    fighting_capacity = 0.5*((force**0.5+moves**0.5)**2)
    return fighting_capacity

# 程式控制模組
run = True
while run == True:
    name = input(' 姓名：')
    force = int(input(' 內力值：'))
    moves = int(input(' 招數值：'))
    fighting_capacity = cal_fighting_capacity(force,moves)
    print(' 計算得出 '+name+' 的戰鬥力：',round(fighting_capacity,2))
    print()
    command = input(' 還要繼續嗎？（按輸入鍵繼續，輸入「結
束」則終止程式）')
    print()
    if command == ' 結束 ':
        break
```

　　該程式先創建一個自訂函式，取名 cal_fighting_capacity。其中 fighting_capacity 代表「戰鬥力」，cal 是單詞 calculate（計算）的縮寫。函式名較長，但一目了然，容易看出來它是專門計算戰鬥力的函式。

　　戰鬥力計算函式包含 force 和 moves 兩個引數，force 代表即將輸入的內力值，moves 代表即將輸入的招數值。將兩個引數代入運算式 0.5*((force**0.5+moves**0.5)**2)，等於是計算內力值和招數值的開方和，再取平方，再乘以 0.5。最後將計算結果賦值給浮點型變數 fighting_capacity，並將 fighting_ capacity 的值做為函式處理結果。

　　大部分函式都需要引數，引數又分為「形參」和「實參」。什麼是形參？就是創建函式時在括號裡面輸入的變數；什麼是實參？就是呼叫函式時輸入的數值。戰鬥力計算函式的這兩個引數，force 和 moves，在呼叫之前只是變數，都還沒有具體數值，屬於形參；等到我們輸入具體數值，那就成了實參。

　　解釋完引數，再看「程式控制模組」，裡面有一個 while 迴圈。進入 while 迴圈之前，先創建布林變數 run，賦值為 True。當 run 為 True 時，迴圈開始，每次都提示程式使用者輸入高手的姓名、內力和招數，然後呼叫戰鬥力計算函式，自動算出戰鬥力，並且輸出戰鬥力。代表戰鬥力的變數 fighting_capacity 屬於浮點型資料，可能有許多位小數，既不實用，又不美觀，所以在輸出結果時，透過 round(fighting_capacity,2) 方法保留兩位小數。

　　在程式執行區塊的末尾，又有一個簡短的判斷結構。每當算完並輸出一個高手的戰鬥力後，程式會問使用者是否繼續。如果敲輸入鍵，程式會要求輸入下一個高手的資訊；如果輸入「結束」，則 break，迴圈終止。

　　總共十七行代碼，分為兩個模組，前一個模組是自訂函式，後一個模組用迴圈結構和判斷結構來呼叫自訂函式。將代碼保存為 py 檔，取名「戰鬥力計算」，用快速鍵 F5 運行之，效果如下：

```
=============== RESTART: 戰鬥力計算 .py ===============
名字：喬峰
內力值：8
招數值：10
計算得出喬峰的戰鬥力：17.94

還要繼續嗎（按輸入鍵繼續，輸入「結束」則終止程式）

名字：段譽
內力值：10
招數值：1
計算得出段譽的戰鬥力：8.66

還要繼續嗎（按輸入鍵繼續，輸入「結束」則終止程式）

名字：慕容復
內力值：5
招數值：9
計算得出慕容復的戰鬥力：13.71

還要繼續嗎（按輸入鍵繼續，輸入「結束」則終止程式）結束
```

　　與手工計算和用計算器計算相比，這個程式相對快捷，但還不夠快。理想的程式應該更加自動化，例如，不用一個高手、一個高手地輸入，只要給程式一張表格，程式就能吐出一張完整榜單，上面已經按照戰鬥力高低做好排名，排名後面則是每個高手內力、招數、戰鬥力等完整資訊。

　　怎樣才能做出如此理想的程式呢？首先，需要編寫一個能自動識別圖形表格的 OCR 模組；其次，需要編寫一個資料結構化處理模組，將 OCR 讀到的資訊儲存為一個字典、一個多

維度的串列或一個編碼乾淨的文字檔；還要編寫一個更加強大的程式控制模組，從字典、串列或文字檔中依次讀取 name、force、moves，再呼叫戰鬥力計算函式進行計算，呼叫排序函式進行排序；最後再來一個樣式美觀的輸出模組，將完整的榜單存進硬碟，或者顯示到螢幕上。

　　如果再考慮到程式的易用性，最好做一個圖形介面，有功能表列，有工具列，有幾個必不可少的操作按鈕，視窗上每個命令和按鈕都能呼叫相應的函式。再假定使用者是電腦菜鳥，很可能做出錯誤操作，我們又要在每個模組裡加入一些異常捕獲代碼，避免錯誤操作導致程式崩潰。

　　很繁瑣吧？是的，軟體開發就是這樣，市面上所有成熟的軟體都是程式設計師用極其繁瑣的思路和代碼開發出來。但我們還遠遠沒到軟體開發那種程度，現在只要學會最核心的代碼就行了。

　　程式裡最核心的代碼是什麼呢？就是各種自訂函式。自訂函式到底是什麼東西呢？這又要從函式的本質 —— 函數 —— 開始講起。

➔ 函數盒子有機關

　　說到函數，我們都不陌生。中學數學課會講「一次函數」、「二次函數」、「反比例函數」、「冪函數」、「指數

函數」、「對數函數」、「三角函數」、「反三角函數」，
還會講函數的「單調性」、「奇偶性」、「週期性」、「對稱
性」……

關於函數的定義，數學課上也講過，簡單說法是「發生
在非空數集間的對應關係」，複雜說法則是：「如果存在集
合 X 到集合 Y 之間的二元關係，對於每個 x∈X，都有唯一的
y∈Y，使得 <x,y>∈f，那麼就稱 f 是 X 到 Y 的函數。」

看懂了嗎？我相信絕大多數讀者朋友都沒完全看懂。假如
只做函數習題，我們還能對函數是個什麼東西有一點點淺顯的
理解；看了函數的兩個定義後，反而什麼都不懂了。正所謂
「你不說我還明白，你愈說我愈糊塗」。

其實函數很簡單，函數的函，就是盒子。函數是什麼？是
裝資料的盒子。這種盒子比較神奇，除了能往裡裝資料，還能
往外吐資料，吐出來的都是經過處理的資料。

再具體些講，我們應該把函數理解成「內藏計算規則的資
料盒」，只要投餵一些資料給這個盒子，它就會按照計算規則
處理資料，再把處理後的資料吐出來。

套用這個定義，我們可以迅速搞懂所有的函數。冪函數是
什麼？不就是內藏冪運算規則的資料盒嗎？例如冪函數 $y=x^3$，
投餵數字 x，吐出 x 的立方。指數函數是什麼？不就是內藏指
數運算規則的資料盒嗎？例如指數函數 $y=3^x$，投餵數字 x，吐
出 3 的 x 次方。正弦函數是什麼？不就是內藏正弦公式的資

料盒嗎？例如正弦函數 v=sin(a)，投餵角度 a，吐出 a 的正弦值……

　　同樣道理，程式設計語言裡的函數也是內藏計算規則的資料盒。但和數學不太一樣的是，程式裡的資料既可以是數字，又可以是文本、圖像、聲音、影片和其他任何一種資訊。當然，這些資訊在電腦內部最終是以二進位數的形式儲存。

　　還記得 Python 的 print 函數嗎？它是內置函數，就是 Python 開發者提前編寫好的函數。print 後面有個小括號 ()，往括號裡輸入一段資訊，就等於投餵一段資訊給 print 函數。然後 print 函數將這段資訊簡單處理，「吐」到螢幕上。

　　還記得 Python 的 input 函數嗎？它也是內置函數，後面也有小括號。在括號當中輸入任意一行提示語句，input 將接受下一行來自鍵盤投餵的資訊。不管鍵盤投餵任何資訊，都會在 input 盒子裡自動變成字串，再「吐」給某個變數。

　　還記得 Python 的 range 函數嗎？就在 for 迴圈的第一行，負責指定取值範圍。往 range 括號裡投餵 (1,100)，吐出來的將是九十九個自然數，最小為 1，最大是 99。如果投餵 (10,1000)，吐出來的將是九百九十個自然數，最小是 10，最大 999。

　　好多內置函數隨身攜帶著小括號，往小括號裡投餵的具體引數被稱為「實參」。也有個別內置函數孑然一身，不帶括號，沒有形參，所以不用輸入實參，但輸入函數名字就等於投餵資訊。那個終止迴圈的 break 函數就是這樣的──在循環體

的任何一行輸入 break，整個迴圈就都懂了，立刻退出。再例如 pass 函數，可以出現在迴圈結構、判斷結構和順序結構的任意位置，而它吐還的資訊只有這麼一條：「嗨，哥們兒，穩住啊，看見我別說話啊，什麼資訊都別往外吐啊！」

總而言之，每一個函數都是一個盒子，裡面都藏著特定的資訊處理規則。如果你願意，完全可以將那些資訊處理規則視為盒子裡的機關，編寫函數的程式設計師就是機關大師。

《碧血劍》有一位「金蛇郎君」夏雪宜，武功超群，性格怪異，絕頂聰明，擅長在盒子裡設置機關。袁承志少年時，無意中在山洞裡發現夏雪宜的遺體，以及他生前設計的一大一小兩個鐵盒。袁承志打開小鐵盒，裡面是一張紙，寫著一段話：「君是忠厚仁者，葬我骸骨，當酬以重寶祕術。大鐵盒開啟時有毒箭射出，盒中書譜地圖均假，上有劇毒，以懲貪欲惡徒。真者在此小鐵盒內。」這張紙下面有一個信封，信封裡藏著大鐵盒的開啟方法：「鐵盒左右，各有機括，雙手捧盒同時力掀，鐵盒即開。」

袁承志根據這段使用說明，在木桑道人的幫助下開啟大鐵盒：

（木桑道人）叫啞巴搬了一只大木桶來，在木桶靠底處開了兩個孔，將鐵盒掃開了蓋放在桶內，再用木板蓋住桶口，然後用兩根小棒從孔中伸進桶內，與袁承志各持一根小棒，同時

用力一抵，只聽得呀的一聲，想是鐵盒第二層蓋子開了，接著嗤嗤東東之聲不絕，木桶微微搖晃。

　　袁承志聽箭聲已止，正要揭板看時，木桑一把拉住，喝道：「等一會！」話聲未絕，果然又是嗤嗤數聲。

　　隔了良久再無聲息，木桑揭開木板，果然板上桶內釘了數十支短箭，或斜飛，或直射，方向各不相同，齊齊深入木內。木桑拿了一把鉗子，輕輕拔了下來，放在一邊，不敢用手去碰，嘆道：「這人實在也太工心計了，惟恐一次射出。給人避過，將毒箭分作兩次射。」

　　站在程式設計的角度來看，夏雪宜生前編寫大鐵盒函數和小鐵盒函數，他把大鐵盒函數的使用說明放進小鐵盒裡，並在大鐵盒裡暗藏「先後兩輪釋放毒箭」的計算規則。假如其他程式設計師不明真相，試圖先投餵資訊給大鐵盒，就會觸發計算規則，使大鐵盒吐出「開啟者將被毒箭射死」這條死亡訊息。

　　一個正常的程式設計師會這樣編寫函數嗎？肯定不會。正常的程式設計師編寫函數，追求清晰易讀、穩重可靠、精準高效地處理資訊，絕不會將一個函數的注釋藏到另一個函數裡面，絕不會故意讓呼叫這些函數的程式設計師犯下致命錯誤。

　　所以，袁承志的師父穆人清搖頭嘆息，說了一番批評夏雪宜的話：「若是好奇心起，先去瞧瞧鐵盒中有何物事，也是人情之常，未必就不葬他的骸骨。再說，就算不葬他的骸骨，也

不至於就該死了。此人用心深刻，實非端士！」

　　但夏雪宜也有貢獻，對程式設計初學者來說，他的貢獻就是編寫兩個比較個性化的函數，能幫助我們理解函數的個性。

❧ 神鵰不吃草，閃電貂不吃糖

　　所有函數都有一個共同特點，就是「挑食」：只「吃」符合它們口味的資訊。

　　換句話說，想呼叫一個函數且不犯錯誤，就必須投餵符合該函數特定要求的資訊。

　　以 print 函數為例，它接受的資訊可以是數字、算式、字串、串列、字典、已經賦值的布林型變數……但不能接受聲音、圖像、影片，也不能接受非法的算式和非法的字串。

　　試試在直譯器輸入 print(1)，將輸出 1；輸入 print(1+2)，將輸出 3；輸入 print(' 武俠程式設計 ')，將輸出 ' 武俠程式設計 '；輸入 print(True) 或 print(False)，將輸出 True 或 False。但要是輸入 print(3/0) 或 print(武俠程式設計)，直譯器就會報錯，因為在除法算式裡，0 不能當除數，武俠程式設計這四個字既沒有被單引號包括，也沒有被雙引號包括，並非合法字串。

　　以 range 函數為例，它的小括號裡可以投餵兩個整數，但不能投餵小數或字串。

　　無需判斷結構 if... else...，直接在直譯器裡輸入 range(1,11)，

表明給 range 函數投餵實參 1 和 11，然後記憶體裡將多出從 1 到 10 共十個整數；假如輸入 range(0.1,0.11) 呢？必有紅字報錯：

```
TypeError: 'float' object cannot be interpreted as an integer
```

這行紅字的意思是「類型錯誤：浮點型物件不能解釋為整數」。

再輸入 range(' 開始 ',' 結束 ')，也是紅字報錯：

```
TypeError: 'str' object cannot be interpreted as an integer
```

這行紅字的意思是「類型錯誤：字串物件不能解釋為整數」。

本章第一節，為了自動計算武林高手的戰鬥力，我們編寫了自訂函數 cal_fighting_capacity，請允許我再把這個函數的代碼複製過來：

```
def cal_fighting_capacity(force,moves):
    fighting_capacity = 0.5*((force**0.5+moves**0.5)**2)
    return fighting_capacity
```

自訂函數也是函數，和內置函數的本質相同，全是一些暗藏機關的盒子，全都接受資訊並吐出資訊。區別在於，內置函

數是程式設計語言的開發者早就編寫好的函數，直接就能用；
而自訂函數是我們自己編寫的函數，先編寫再使用。

　　「自訂」聽起來完全不像國語，實際上，絕大多數程式設
計語言都是老外開發，我們使用的絕大多數程式設計術語也是
外國程式設計師的約定俗成。由於語言環境不同，導致華語世
界的程式設計師只能使用一些直白得不像話的翻譯，搞得初學
者不明所以，甚至產生歧義。

　　例如編寫一個新的函數，應該叫做「自編寫函數」，然而
對應的英文術語是 Self-defining Function，只能直譯成「自訂
函數」；創建一個新的變數，應該叫做「創建變數」，然而對
應的英文術語是 Declare Variable，只能直譯成「聲明變數」。
再例如函數將處理後的資訊吐出來，按中文習慣可以說「輸
出」、「彈出」、「吐出」、「回傳」或「回饋」，然而對
應的英文術語竟然是 return，所以程式設計師只好直譯成「返
回」。

　　回到正題，當呼叫一個函數時，只能投餵合乎其口味的資
訊，否則它會報錯。以自訂函數 cal_fighting_capacity 為例，
它有兩個引數，分別用變數 force 和變數 moves 表示。force 即
內力值，必須是數字；moves 是招數值，也必須是數字。假如
我扔給 cal_fighting_capacity 的不是兩個引數，而是一個引數
呢？程式必會報錯。

讓我們把代碼複製到直譯器裡試試：

```
>>> def cal_fighting_capacity(force,moves):
    fighting_capacity = 0.5*((force**0.5+moves**0.5)**2)
    return fighting_capacity

>>> cal_fighting_capacity(10)
```

兩個代碼塊，前一個代碼塊將函數存進直譯器，後一個代碼塊呼叫函數。呼叫時函數名稱寫錯了嗎？沒有。括號裡輸入實參了嗎？確實。但由於只輸入一個引數，所以直譯器報錯如下：

```
Traceback (most recent call last):
    File "<pyshell#2>", line 1, in <module>
        cal_fighting_capacity(10)
TypeError: cal_fighting_capacity() missing 1 required positional
argument: 'moves'
```

cal_fighting_capacity() missing 1 required positional argument 表示函數 cal_fighting_capacity 缺少一個引數。沒錯，確實缺了一個。

再呼叫一次，這回輸入兩個實參，但故意不輸入數字，而輸入字串：

```
>>> cal_fighting_capacity(' 很強 ',' 很快 ')
```

一大堆紅字報錯：

```
Traceback (most recent call last):
    File "<pyshell#3>", line 1, in <module>
        cal_fighting_capacity('很強','很快')
    File "<pyshell#1>", line 2, in cal_fighting_capacity
        fighting_capacity = 0.5*((force**0.5+moves**0.5)**2)
TypeError: unsupported operand type(s) for ** or pow(): 'str' and 'float'
```

　　看最後一行：unsupported operand type(s) for ** or pow(): 'str' and 'float'。其中 pow() 表示冪運算——我們的戰鬥力計算模型中既有乘方，又有開方，而乘方和開方在本質上都是冪運算。什麼樣的資訊能參與冪運算呢？只能是數字，不能是字串，所以直譯器警告 unsupported operand type(s)，在冪運算中發現不能參與計算的資料類型。

　　所以，內置函數也好，自訂函數也罷，每個函數都很挑食，都排斥不合要求的資訊輸入。

　　為了加深理解，請你展開想像的翅膀，將代碼裡每一個功能強大的函數都想像成廚房裡的電器，例如豆漿機、咖啡機、果汁機、絞肉機。如果將不合規範的資訊餵給函數，就像往豆漿機裡放可可豆，往咖啡機裡放大骨，往果汁機裡放臭襪子，往絞肉機裡放一本《誰說不能從武俠學程式？》。

　　繼續展開想像的翅膀，想像《神鵰俠侶》陪楊過練功的那隻神鵰，想像《天龍八部》幫段譽退敵的那隻閃電貂。神鵰吃

什麼？吃牛、羊、雞、鴨、魚，不吃草；閃電貂吃什麼？據其主人鍾靈介紹，牠最愛吃毒蛇，所以鍾靈從小就拿毒蛇餵牠。想像這兩隻神奇的動物來到你身邊，你餵神鵰吃草，餵閃電貂吃糖，會有什麼後果？神鵰可能不理你，昂起高傲的頭；閃電貂脾氣大，身法又快，「呼」的一聲撲到你身上，就勢一口咬下去⋯⋯

　　函數與閃電貂的相似之處在於，只要不按規範投餵，牠們就會反噬。

↘ 自訂函數

　　我們從易到難，創建幾個函數，再按照規範進行投餵。
　　在 Python 環境下創建函數，語法格式是這樣：

```
def 函數名 ( 引數 1, 引數 2, 引數 3,⋯⋯引數 n):
    資訊處理規則
    return 處理後的資訊
```

　　每次創建函數都得從關鍵字 def 開始，它是 define 的縮寫，意思是「給某物下定義」，擴展含義就是「創建自訂函數」。
　　def 後面必須緊隨函數名稱，和變數名稱一樣，Python 的函數名稱禁止使用漢字，禁止用數字開頭，禁止用空格斷開，

禁止用非法字元（包括前後斜槓、計算符號、標點符號），但
允許字母大小寫，允許用短底線做間隔。

　　函數名後面緊跟小括號，括號裡面就是將來呼叫該函數時
投餵資訊的地方。如果需要投餵一條資訊，就預留一個引數；
需要投餵多條資訊，就預留多個引數，引數和引數之間必須用
英文逗號分隔。所謂「引數」，又可以理解成函數內部處理資
訊時要用的變數，所以引數的命名規則與變數的命名規則一模
一樣。

　　再看「資訊處理規則」部分，它是函數的核心，是函數裡
的計算，是盒子裡的機關，是所有引數都要加入熔煉的熔爐，
是絞肉機、咖啡機、果汁機、豆漿機裡的電機和刀片，是楊過
神鵰和鍾靈閃電貂的腸胃……感覺愈說愈玄嗎？不要緊，等會
編寫幾個函數實例，馬上就不覺得玄了。

　　最後是函數的 return 部分，return 可以理解成「回傳」。
使用者呼叫函數，透過輸入具體的引數值來投餵資訊，那些資
訊被「資訊處理規則」攪拌處理，最後被關鍵字 return 給吐出
來（回傳）。吐出來的資訊又可以投餵給其他函數，經過再次
處理，再一次吐出來……

　　光說不練假把戲，我們來寫一個簡單的函數：

```
def add(a,b):
    s = a+b
    return s
```

def add()，表明要創建一個名為 add 的函式。括號裡有 a、b 兩個引數，所以用英文逗號分開。

def，函數名，小括號，小括號裡的引數，最後用英文冒號結束第一行，按輸入鍵，輸入資訊處理規則。必須注意的是，Python 處處講究縮進，資訊處理規則的位置必須向右縮進，末尾 return 的位置則必須和資訊處理規則保持一致。

這個 add 函數的資訊處理規則非常簡單，只有一行：s = a+b。很明顯，是要將引數 a 和引數 b 加起來，將加和賦值給變數 s。

再往下是 return 部分。return s，表明 add 函數最終吐出變數 s，即引數 a 和引數 b 的和。

這個函數總共三行，還能縮短為兩行：

```
def add(a,b):
    return a+b
```

也就是說，可以省去資訊處理規則，直接 return 一個數學運算式。但 Python 直譯器和編譯器會對數學運算式做出處理，所以最後吐出來的仍然是引數 a 和引數 b 的和，而不是 a+b 這個式子。

回頭再看函數名稱和引數名稱：函數用 add 命名，引數用 a 和 b 命名。非要這樣嗎？當然不是，你將 add 改成 f，改成 s，甚至改成漢語拼音 jia、jiafa 或 zuojiafa，直譯器和編譯

器都不會報錯。但代碼的可讀性就差遠了，遠不如 add 一目了然。全世界的程式設計師知道，這個 add 就是加法函數約定俗成的名稱。至於括號裡的引數 a 和 b，則可以改成 a1 和 a2、x 和 y、m 和 n，都符合規範且清晰易讀。也有人非要把引數寫成 augend（加數）和 summand（被加數），搞成 def add(augend,summand)，清一色全是英文單詞，倒也不錯，但引數名居然比函數名長得多，顯得有些頭重腳輕。

怎麼呼叫這個剛編寫好的函數呢？

在直譯器裡呼叫，只要另起一行，輸入函數名，括號裡輸入具體的引數，按輸入鍵，就能看到該函數的回饋結果。請注意，因為函數內部的資訊處理規則是加法，所以引數應該是兩個數字，也可以是兩個字串，但不能是一個數字和一個字串。Python 允許數字相加，也允許字串相加，但不允許字串和數字相加。

```
>>> def add(a,b):
    return a+b

>>> add(3,4)
7
>>> add(' 武俠 ',' 程式設計 ')
' 武俠程式設計 '
>>> add(0.36,15)
15.36
>>> add('0.36',15)
Traceback (most recent call last):
```

```
    File "<pyshell#4>", line 1, in <module>
      add('0.36',15)
    File "<pyshell#0>", line 2, in add
      return a+b
TypeError: can only concatenate str (not "int") to str
```

　　見上圖，用兩個數字和兩個字串當引數都沒事，但輸入
add('0.36',15）就會報錯。'0.36' 是字串，15 是數字，不能
相加。

　　再試試在編輯器裡呼叫。

　　打開編輯器，編寫 add 函數，然後輸入 add(3,4)，保存為
add.py，運行之，咦，沒有反應，什麼結果都沒出現：

```
def add(a,b):
    return a+b

add(3,4)
================ RESTART:add.py ================
```

　　為什麼？原來用編輯器編寫的 py 檔（又叫 Python 指
令檔）只能用編譯器運行。編譯器不做即時翻譯，它看到
add(3,4) 這行代碼，就呼叫 add 函數進行處理，但卻把 add 函
數的回饋結果扔給記憶體，而不是扔到螢幕上讓你看見。

　　想在螢幕上看見結果嗎？很簡單，修改代碼，將回饋結果
print 出來：

```
def add(a,b):
    return a+b

print(add(3,4))
================ RESTART:add.py ===============
7
```

　　print(add(3,4))，雙重括號，讓人眼花，按我的程式設計習慣，寧可多寫一行，也要讓代碼清晰易讀。所以就多寫一行，運行結果沒變：

```
def add(a,b):
    return a+b

result = add(3,4)
print(result)
================ RESTART:add.py ===============
7
```

　　無論兩個數字相加，還是兩個字串相加，用計算符號＋就能搞定，所以 add 函數沒有實際意義，只是讓我們練練手，體驗一下自訂函數的編寫方法和呼叫過程。

　　Python 還有一種自訂函數叫「匿名函數」，不需要 def 開頭，不需要換行，一行代碼就能創建一個函數。它的語法格式是這樣的：

```
函數名 = lambda 引數 1, 引數 2, 引數 3,……引數 n: 資訊處理規則
```

其中 lambda 和 def 一樣，也是 Python 的關鍵字。直譯器和編譯器見到 def，就知道要創建一個自訂函數；一見到 lambda，就知道要創建一個匿名函數。

我們使用 lambda，將剛才 def 創建的那個 add 函數改寫成匿名函數，原本幾行代碼，如今只需一行：

```
add = lambda a,b: print(a+b)
```

匿名函數的功能和呼叫方法與普通自訂函數毫無區別：

```
add(23,45)
68
add(51.89,27.62)
79.51
```

要創建的函數不太複雜時，使用 lambda 來創建非常節省代碼。但 lambda 的缺陷在於，資訊處理規則必須在一行代碼裡完成，如果涉及判斷結構和迴圈結構，一行代碼搞不定就完了。例如要編寫一個計算級數的函數，lambda 就無能為力，只能使用 def。

所謂「級數」是指一個數列裡所有項的和，例如 10 的級數 =1+2+3+……10，100 的級數 =1+2+3+……100，2866 的級數 =1+2+3+……2866。Python 裡沒有直接計算級數的符號，也沒有用來計算級數的內置函數。如果我們編寫一個能計算級

數的自訂函數，那就有了一點實際意義。

級數對應的英文單詞是 series，不妨給這個函數命名為
series：

```
def series(n):
    temp = 0
    for  i in range(1,n+1):
        s = temp + i
        temp = s
    return s
```

函數名 series，括號裡只放一個引數 n；設置臨時變數
temp，初始化為 0。再來一個 for 迴圈，讓變數 i 從 1 到 n 的
範圍內依次取值，每取值一次，都累加給臨時變數 temp，再
將 temp 的值交給另一個變數 s。如此迴圈累加，等到 for 迴圈
停止時，s 就是從 1 到 n 的所有元素和，也就是 n 的級數。最
後使用 return，吐出 s 的值，大功告成。

將代碼保存為 py 檔，取名「級數」，測試一下：

```
================ RESTART: 級數 .py ===============
>>> series(3)
6
>>> series(100)
5050
>>> series(1000)
500500
>>> series(99999)
4999950000
```

3 的級數等於 1+2+3，結果是 6，沒錯。

100 的級數等於 1+2+3+……100，結果是 5050，也沒錯。

1000 的級數是 500500，99999 的級數是 4999950000，結果都正確。

但如果輸入 series(0)、series(-100)、series(50.8)，程式都會報錯。也就是說，你可以投餵大於等於 1 的自然數，卻不能投餵 0、負數和小數。

問題出在哪裡呢？仔細查看代碼裡的 for 迴圈，for i in range(1,n+1)，變數 i 只能在 1 到 n 的範圍內取值，n 必須是整數，且必須大於、等於 1。哦，原來如此。

怎樣才能不讓這個函數報錯呢？補充一個判斷結構就可以了：

```python
def series(n):
    if n == 0:
        return 0
    elif n < 0:
        return None
    elif n is not int:
        return None
    else:
        temp = 0
        for i in range(1,n+1):
            s = temp+i
            temp =s
        return s
```

　　函數處理資訊前，先檢查使用者輸入的實參。實參為 0，
則吐出 0（0 的級數還是 0）；實參為負，則吐出 None；實參
不是整數，也吐出 None；只有當實參為正整數時，才進行累
加運算，並吐出累加結果。

　　注意代碼裡的 None 和 n is not int。None 是關鍵字，意思
是「空值」；is not int 是一個邏輯運算式，相當於「不是整
數」。elif n is not int，如果引數 n 不是整數；return None，不
做運算，吐出空值。

　　為了讓修改後的函數清晰易懂，為了讓其他程式設計師
準確理解和正確使用這個函數，最好加上注釋，也就是使用
說明。怎麼給自訂函數加注釋呢？通常在函數頭部用三引號
「"」寫一段總綱，在函數內部用 # 標注程式設計思路：

```
''' 本函數用於級數運算，目前只接受正整數，不接受負數和小數 '''
def series(n):
    # 0 的級數還是 0
    if n == 0:
        return 0
    # 引數為負時，回傳空值
    elif n < 0:
        return None
    # 引數為小數時，回傳空值
    elif n is not int:
        return None
    # 引數為正整數時，用 for 迴圈累加求和
    else:
        temp = 0
```

```
        for i in range(1,n+1):
            s = temp+i
            temp =s
        return s
```

　　完善到這個地步，基本上就是一個清晰且健壯的自訂函數。所謂「清晰」，是指代碼容易懂；所謂「健壯」，是指函數能接受一些不規範的投餵方式。就算你餵給它的實參是錯的，它也不會鬧肚子，非常皮實。

　　再接再厲，編寫一個短小精悍的「反正話」函數：

```
''' 相聲裡有「反正話」，將對方說的話倒過來說一遍，
        本函數的功能正是如此。'''
def reverse(you_say):
    I_say = you_say[::-1]
    return(I_say)
```

　　函數名是 reverse（顛倒），形參是字串，核心代碼只有一句：

　　I_say = you_say[::-1]

　　[::-1] 其實是串列變數的操作方法，能將串列中的各項元素顛倒排序，產生一個新的串列。有意思的是，Python 底層就是將字串當成串列來編碼，字串‘武俠程式設計’和串列 [‘武’,‘俠’,‘程’,‘式’,‘設’,‘計’] 是一回事。所以，[::-1] 也能將字串變數 you_say 的順序顛倒過來，賦值給另一個字串變數 I_say。

再寫一個迴圈結構，呼叫這個反正話函數：

```
run = True
while run == True:
    you_say = input(' 你說：')
    if you_say == ' 停 ':
        print(' 我說：好吧 ')
        break
    else:
        I_say = reverse(you_say)
        print(' 我說：',I_say)
```

將這個迴圈結構和前面的反正話函數保存為一個 py 檔，取名「反正話」，運行之。不管輸入什麼，程式都會顛倒過來，直到喊「停」，程式結束：

```
================ RESTART: 反正話 .py ================
你說：我是令狐沖
我說：沖狐令是我
你說：我是獨孤求敗
我說：敗求孤獨是我
你說：今天的天氣很好啊
我說：啊好很氣天的天今
你說：你吃了嗎
我說：嗎了吃你
你說：停
我說：好吧
```

不怕告訴你，疫情期間隔離在家，無聊透頂，我編寫了一個反正話函數，和它「聊」了很久，直到覺得噁心為止。

↘ 隨機函數與凌波微步

還有一類函數，看上去很無聊，實際上特別重要，它叫
「隨機函數」。

所謂「隨機」，是指不確定，沒規律，天上一腳、地上一
腳、東一榔頭、西一斧子，總是讓人猜不到。隨機函數呢？就
是能夠吐出隨機資訊的函數。例如吐數字，上一次吐 1，下一
次吐 8，又一次吐 3，又一次吐 9，然後又吐 4，接著又吐 8，
沒有規律可循。

這樣的函數該怎麼編寫呢？大半個世紀以前，偉大的數
學家兼電腦科學家約翰·馮紐曼（John von Neumann）設計出
「平方取中法」：隨便想一個四位數，算它的平方，得到一個
七位數或八位數；如果是七位數，在左邊補一個 0，然後取中
間四位；如果是八位數，直接取中間四位；取到中間數後，再
算它的平方，又得到一個七位數或八位數；再從左邊補 0，然
後取中間四位，再算它的平方……如此循環往復，就能得到一
大堆看上去沒有規律的亂數。

拿出紙和筆，試試平方取中。

第一步，隨便想一個四位數，假定是 1234，算它的平
方（可用 Python 直譯器計算，比手算快得多），結果是
1522756。這是七位數，所以在左邊補 0，變成 01522756，取
中間四位，得到 5227。

　　第二步，算 5227 的平方，結果是 27321529。這是個八位數，取中間四位，得到 3215。

　　第三步，算 3215 的平方，結果是 10336225，還是八位數，取中間四位，得到 3362。

　　第四步，算 3362 的平方，結果是 11303044，還是八位數，取中間四位，得到 3030。

　　第五步，算 3030 的平方，結果是 9180900，七位數，左邊補 0，變成 09180900，取中間四位，得到 1809。

　　第六步，算 1809 的平方，結果是 3272481，還是七位，左邊補 0，變成 03272481，取中間四位，得到 2724……

　　從第一步到第六步，經過六次疊代運算（就是將前一步的輸出當作下一步的輸入），依次得到六個數字：5227、3215、3362、3030、1809、2724。這些數字看上去有規律嗎？沒有。所以平方取中法能產生一系列看上去很隨機的亂數。

　　平方取中法既簡單又好用，正是使用這種演算法，馮紐曼產生各種亂數系列，為美國軍方設計一堆有用的密碼。

　　既然平方取中法這麼厲害，我們就動手編寫一個平方取中法函數：

```
''' 平方取中法隨機函數，演算法來自馮紐曼
　　函數名 midsq，是平方取中法 midsquare 的縮寫
　　　　引數 init 是預設的初始值，必須是四位數
　　　　　　引數 times 是疊代運算的次數，同時也是即將產生的亂數
個數 '''
```

```
def midsq(init,times):
    # 構建一個空串列，用來存儲亂數
    list_random = [ ]
    # 用 for 迴圈進行疊代運算
    for i in range(1,times+1):
        # 對初始值求平方
        sq = init**2
        # 如果初始值的平方不是八位數
        if sq < 10000000:
            # 將其轉化為字串，並在左側補 0
            str_sq = '0'+str(sq)
            # 如果初始值的平方是八位數
        else:
            # 直接轉化為字串
            str_sq =str(sq)
            # 從字串中間取出四個字元
        str_random = str_sq[2:6]
        # 將四個字元轉化為四位數，賦給初始值
        init = int(str_random)
        # 將每次產生的四位數存入串列
        list_random.append(init)
    # 吐出串列
    return list_random
```

保存為 py 檔，命名為「平方取中法」，然後測試：

```
============= RESTART: 平方取中隨機函式 .py =============
>>> midsq(1234,6)
[5227, 3215, 3362, 3030, 1809, 2724]
```

midsq(1234,6)，初始值設為 1234，疊代次數設為六次，
得到一個亂數串列，該串列有六個亂數，和我們在前面手算得

到的結果一模一樣，說明代碼準確無誤。

　　隨便換一個初始值，例如 6958，再將疊代次數設為一百次：

```
>>> midsq(6958,100)
[4137, 1147, 3156, 9603, 2176, 7349, 78, 84, 56, 136, 8496, 1820,
3124, 7593, 6536, 7192, 7248, 5335, 4622, 3628, 1623, 6341, 2082,
3347, 2024, 965, 3122, 7468, 7710, 4441, 7224, 1861, 4633, 4646,
5853, 2576, 6357, 4114, 9249, 5440, 5936, 2360, 5696, 4444, 7491,
1150, 3225, 4006, 480, 3040, 2416, 8370, 569, 2376, 6453, 6412,
1137, 2927, 5673, 1829, 3452, 9163, 9605, 2560, 5536, 6472, 8867,
6236, 8876, 7833, 3558, 6593, 4676, 8649, 8052, 8347, 6724, 2121,
4986, 8601, 9772, 4919, 1965, 8612, 1665, 7722, 6292, 5892, 7156,
2083, 3388, 4785, 8962, 3174, 742, 5056, 5631, 7081, 1405, 9740]
```

　　哇，瞬間得到一百個亂數！

　　任意輸入一個四位數的初始值，任意指定疊代次數，理論上可以產生無窮無盡的亂數。將這些亂數兩兩配對，做為一個人在平面直角座標系上的座標，從肉眼來看，這個人的位置就是不可預測的，很難搞清楚他下一步會跑到哪裡。

　　想看實際效果是什麼樣子嗎？繼續程式設計：

```
# 導入函式庫 turtle
from turtle import *

# 擴充平方取中法隨機函數
def midsq(init,times):
    list_random = []
```

```
    for i in range(1,times+1):
        sq = init**2
        if sq < 10000000:
            str_sq = '0'+str(sq)
        else:
            str_sq =str(sq)
        str_random = str_sq[2:6]
        init = int(str_random)
        random_n = int(init/30)
        list_random.append(random_n)
    return list_random

# 初始化人物狀態
home()
clear()
register_shape('duan_yu.gif')
shape('duan_yu.gif')
speed(0)

# 呼叫平方取中法，用兩組亂數決定人物位置
list_x = midsq(1234,100)
list_y = midsq(4321,100)

# 使用迴圈結構，讓人物依次獲取隨機位置
for i in range(0,100):
    x = list_x[i]
    y = list_y[i]
    goto(x,y)
    stamp() # 每行進一次，留下一個分身
```

　　這個程式首先導入一個名叫 turtle 的函式庫。什麼是「函式庫」？暫且不用管，你只要知道 turtle 函式庫是別人做出來的工具，能讓一些圖形在視窗上跑來跑去就行了。

　　我們簡單修改平方取中法函數，讓它產生的亂數從較大的四位數變成較小的三位數、兩位數甚至個位數。然後呼叫平方取中法函數，產生兩個串列，每個串列各包含一百個亂數。將兩個串列裡的亂數分別做為 x 座標和 y 座標，再編寫一個 for 迴圈，使一個古裝人物按照隨機座標走來走去。他每走一步，都在螢幕上留下一個分身。

　　喏，這就是他留下來的所有分身：

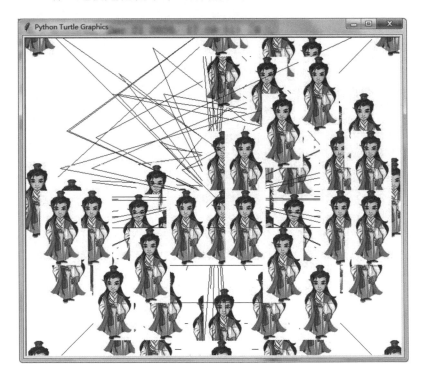

有的分身在螢幕中央，有的分身在螢幕角落，有的分身跑到螢幕外面，看上去毫無規律可循。

以前看過《天龍八部》的朋友想必早就猜出來了，畫面上的古裝帥哥就是段譽，那些雜亂無章的分身就是段譽施展「凌波微步」時留下的身影。凌波微步的特徵是什麼？步法巧妙，無章可循，瞻之在前，忽焉在後，永遠讓敵人打不到。

然而先不要興奮，再運行一遍程式，就會發現問題所在：咦，不對啊，段譽這回施展凌波微步，所有分身的位置怎麼都和上回一模一樣呢？敵人只要記性好，只要能記住段譽第一遍的身法，第二遍不就打中他了嗎？

確實如此，毛病出在平方取中法演算法身上。馮紐曼設計的平方取中法演算法只是產生一堆看起來很隨機的數，實際上並不真正隨機——只要輸入同一個初始值，每次產生的亂數列都一模一樣。例如連續三次呼叫平方取中法函數，三次都將初始值定為 1234，三次產生的亂數列都是 5227, 3215, 3362, 3030, 1809, 2724……

所以現在很少有人使用平方取中法演算法產生亂數，而是普遍採用一種叫做「線性同餘方法」（Linear Congruential Generator）的演算法，簡稱 LCG 演算法。

可以用一個數學公式表示 LGG 演算法：

$$x_{n+1} = (ax_n + c) \mod (m)$$

其中引數 m 叫做「模」，必須是非常大的正整數；引數 a 叫做「係數」，是一個小於 m 的正整數；引數 c 叫做「增量」，是一個比較小的正整數。

公式的計算符號 mod 代表「求餘運算」，例如 5 mod 3，意思是用 5 除以 3，求餘數，結果是 2。再例如 1000 mod 6，意思是用 1000 除以 6，求其餘數，結果是 4。Python 有一個求餘運算的專用符號 %，千萬不要把它當成百分號，它的功能就是求餘，相當於 mod。

下面是我編寫的一個 LGG 隨機函數：

```
''' 線性同餘方法函數，可產生任意一項亂數
引數 n 表示第 n 項亂數 '''
def LGG(n):
    m = 2**32 # 將模預設為 2 的 32 次方
    a = 25214903917  # 將係數預設為 25214903917
    c = 11    # 將增量預設為 11
    seed = 250 # 將初始值預設為 250
    if n <= 1:
        return seed
    else:
        # 代入 LGG 公式，進行疊代求餘運算
        for i in range(1,n):
            item = (a * seed + c) % m
            seed = item
            xn = seed
        # 吐出第 n 項亂數
        return xn
```

　　呼叫這個 LGG 函數，可以產生一些相對複雜的亂數。複雜到什麼程度呢？用數學語言說，就是「能通過比較嚴格的統計學測試」；用白話講就是說「普通人很難破解」。

　　現實生活中很多場景離不開複雜亂數，例如發行彩券，中獎號碼如果不複雜到「幾乎不能破解」的程度，就是失去意義。再例如，絕大多數合法網站都需要 SSL 證書，該證書本質上就是一個非常複雜且獨一無二的亂數。

　　坦白講，用 LGG 演算法產生的亂數也不安全，以至於電腦科學家有時會放棄這個演算法，改用「岩漿燈」來產生真正無法破解的亂數。岩漿燈確實像一盞燈，也有點像沙漏，但裡面不是放岩漿，而是存放兩種不同顏色的液體。兩種液體的比重差不多，但不會互相溶解，所以你就會看到這種岩漿燈裡面的液體不停翻滾，形成完全隨機的形態。電腦工程師用攝影機拍攝岩漿燈，將不斷變化的畫面轉化成不斷變化的二進位數字，於是真正隨機的亂數就產生了。

↘ 讓你飛起來的函式庫

　　對亂數品質要求不太高的應用場景下，用不著編寫 LGG 函數，更無需使用岩漿燈，Python 自帶的函式庫 random 已經夠用了。

打開直譯器，第一行輸入 import random，按輸入鍵，將 random 導入記憶體。

第二行，輸入 random.，也就是在 random 後面緊跟著一個英文句號，稍等片刻，會跳出一個帶有捲軸的下拉式功能表，功能表上寫著 Random、SystemRandom、choice、gauss、Randint 等選項。點選 Randint，再輸入小括號，此時將看到括號裡浮現 (a,b)，提示輸入兩個實參。

輸入 (1,10)，按輸入鍵，直譯器將蹦出一個數字，可能是 1 到 10 之間的任何一個整數。將 random.randint(1,10) 這行代碼複製到下一行，下下一行，下下下一行……直譯器會不斷蹦出 1 到 10 之間的任意整數：

```
>>> import random
>>> random.randint(1,10)
9
>>> random.randint(1,10)
4
>>> random.randint(1,10)
3
>>> random.randint(1,10)
5
>>> random.randint(1,10)
9
>>> random.randint(1,10)
2
>>> random.randint(1,10)
2
>>> random.randint(1,10)
10
```

```
>>> random.randint(1,10)
9
>>> random.randint(1,10)
8
>>> random.randint(1,10)
6
```

修改實參,改成 random.randint(50,80),則將蹦出 50 到 80
之間的任意整數:

```
>>> random.randint(50,80)
63
>>> random.randint(50,80)
77
>>> random.randint(50,80)
69
>>> random.randint(50,80)
64
>>> random.randint(50,80)
69
>>> random.randint(50,80)
74
>>> random.randint(50,80)
60
>>> random.randint(50,80)
53
>>> random.randint(50,80)
68
```

很明顯,random 能產生亂數,random.randint(a,b) 是能產生
隨機整數的函數。關於這一點,看名字也能看出來:random,

意即「隨機」；randint，等於 random 和 integer 的縮寫，即
「隨機」+「整數」。

　　random 旗下有眾多函數，random.randint(a,b) 只是其中的
一個。另外幾個常用函數有：random.random()，可產生 0 到 1
之間的隨機小數；random.uniform(a,b)，可產生 a 和 b 之間的
隨機小數；random.choice(list)，從串列 list 當中隨機選擇一個
元素；random.shuffle(list)，將串列 list 的順序隨機打亂，產生
一個新的串列……

　　我們已經知道函數是能接受資訊、處理資訊和吐出資訊
的盒子。我們還知道，像 print、input、range、break、pass、
int、str、float、pow 這些由 Python 開發團隊提前編寫好的函
數叫做「內置函數」，由自己用關鍵字 def 編寫的函數叫做
「自訂函數」。而像 random 這樣擁有眾多函數的倉庫，則被
稱為「函式庫」。

　　函式庫是大倉庫，是工具包，是百寶箱，是具備各種強大
功能的神奇小餅乾。最關鍵的地方在於，它們都是別人提前開
發好，我們拿來就能用。程式設計師使用 Python、Java、C++
等程式設計語言開發軟體，總是離不開函式庫，因為現成的函
式庫可以幫我們省下大量程式設計時間。

　　函式庫分兩大類：一類叫「標準函式庫」，另一類叫「協
力廠商函式庫」（又叫三方庫）。標準函式庫是一門程式設計
語言裡自帶的函式庫，什麼時候要用，什麼時候導入；協力廠

商函式庫是一些高手程式設計師開發並上傳網際網路的函式庫，需要下載安裝，然後才能導入和使用。

上一節用平方取中法隨機函數類比凌波微步，曾經使用函式庫 turtle，就是一個典型的協力廠商函式庫，Python 安裝包裡通常沒有，使用時需要下載。怎麼下載呢？我推薦最安全的方法：使用作業系統的 shell 命令。

以 Windows 為例，進入 cmd。假如目前哪位讀者朋友還不知道如何進入 cmd，請參照第一章的「下命令不等於程式設計」一篇。進入 cmd 後，按以下格式輸入命令：

```
pip install 協力廠商函式庫的官方名稱
```

例如下載 turtle，只需輸入 pip install turtle，按輸入鍵，作業系統將自動連接 Python 官網或 Github 社區，自動搜索 turtle 安裝包，然後自動下載，自動解壓，自動安裝到 Python 指定的路徑。

假如安裝失敗，有兩種可能：第一，電腦不能連網；第二，沒有給 Python 正確配置環境變數。怎樣配置環境變數呢？請回顧第二章的「給你的電腦裝上 Python」一篇。

成功安裝的協力廠商函式庫，使用方法和標準函式庫一樣，先導入，再呼叫。在 Python 程式設計環境裡導入函式庫，總共有四種方法：

第一，import 函式庫官方名稱；

第二，import 函式庫官方名稱 as 自訂名稱；

第三，from 函式庫官方名稱 import 某個具體的函數；

第四，from 函式庫官方名稱 import *。

用第一種方法導入函式庫，呼叫格式對應「函式庫官方名稱 . 函數 (實參)」；用第二種方法導入函式庫，呼叫格式對應「自訂名稱 . 函數 (實參)」；用第三種方法導入函式庫，呼叫格式對應「函式 (實參)」；第四種方法導入函式庫，相當於將該庫所有函數全部裝進記憶體，然後預設呼叫，呼叫格式也是「函數 (實參)」。

下面以三方庫 turtle 為例，依次演示各種導入方法和呼叫格式：

```
# 第一種導入：import 函式庫官方名稱
import turtle
# 呼叫格式：函式庫官方名稱 . 函數名稱 ( 實參 )
turtle.goto(100,100)

# 第二種導入：import 函式庫官方名稱 as 自訂名稱
import turtle as t
# 呼叫格式：自訂名稱 . 函數 ( 實參 )
t.goto(100,100)

# 第三種導入：from 函式庫官方名稱 import 某個具體的函式
from turtle import goto
# 呼叫格式：函數 ( 實參 )
goto(100,100)

# 第四種導入：from 函式庫官方名稱 import *
```

```
from turtle import *
# 呼叫格式：函數 ( 實參 )
goto(100,100)
```

　　各種導入方法都有優缺點，第一種導入的優點是代碼清晰，缺點是代碼量偏大；第二種導入的優點是代碼量偏小，但其他程式設計師必須追溯到 import turtle as t 這一行，才能知道 t 就是代表 turtle；第三種導入的優點是能節省記憶體空間，缺點是代碼可讀性差；第四種導入最節省代碼，但也最消耗記憶體，同時代碼的可讀性也很差。

　　為了節省記憶體，當一個函式庫不再被使用時，可以用「del 函式庫（或其子函數）」的方法進行卸載。請注意，這裡的卸載並非將函式庫從硬碟上清除掉，而是將該函數從記憶體裡清除掉，將空間留給其他程式使用。例如這段程式：

```
import turtle      # 將 turtle 導入記憶體
turtle.speed(0)    # 呼叫 speed 函數，設定物件移動速度為最快
turtle.home()      # 呼叫 home 函數，使物件回到視窗中央
turtle.clear()     # 呼叫 clear 函數，清除物件軌跡
turtle.color('red') # 呼叫 color 函數，設定軌跡顏色為紅色
turtle.pensize(2)  # 呼叫 pensize 函數，設定軌跡寬度為 2

# 使用 for 迴圈，讓物件繞圈飛奔
for step in range(10,150):
     turtle.forward(step)
     turtle.right(36)

# 打完收功，從記憶體中卸載 turtle
del turtle
```

　　用第一種導入方法將 turtle 導入記憶體，使用其常用函數，完成一系列動作，最後卸磨殺驢，將 turtle 趕跑，騰出記憶體空間。程式運行結束，圖形視窗是這樣：

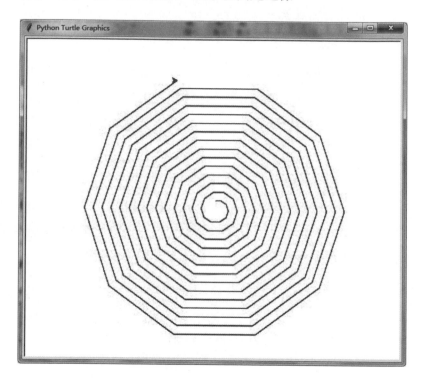

　　代碼裡不寫「del 函式庫」這樣的語句行不行？當然行。第一，我們關閉程式時，剛才呼叫的一切函式庫都將被作業系統自動卸載；第二，如今的電腦性能愈來愈好，記憶體大得嚇人，就算編寫一個大型程式，呼叫幾千個函式庫，記憶體也裝得下。所以現在很少會有程式設計師願意多此一舉，在代碼裡

額外增加一行「del 函式庫」。

　　但我還是覺得，隨時注意節省記憶體是一個優秀程式設計師的好習慣。就像我們看完一本書就放回書架、用完一支筆就放回筆筒一樣，有條有理，湯清水利。

　　Python 的函式庫很多，堪稱數量龐雜。粗略統計，目前流行的 Python 版本有幾百個標準函式庫，有幾十萬個協力廠商函式庫！從數學計算到文本處理，從網頁分析到機器學習，從遊戲框架到影視剪輯，從圖形渲染到證券分析，凡是你能想得到的需求，幾乎都有一個標準函式庫或協力廠商函式庫可以滿足。Python 為什麼能成為一門非常走紅的程式設計語言呢？首先要歸功於這些數量龐大和功能全面的函式庫。

　　當然，Java 和 C++ 也有非常豐富的函式庫，就連 Python 的某些函式庫都是用 C++ 編寫。但在易用性方面，Python 無出其右，它能以最簡單最快捷的方式呼叫函式庫。

　　程式設計師圈子裡有個段子：

　　小明：「我會飛了。」

　　小紅：「啊？怎麼做到的？」

　　小明：「import fly。」

　　這個段子假定有一批高手程式設計師終於開發出讓人飛起來的函式庫，以 import 導入，再呼叫一下就能白日飛升。

　　有沒有這樣的函式庫？當然沒有，至少到目前還沒有。這個段子無非是想說明 Python 很強大，而函式庫讓它更強大。

　　初學者編寫程式，當有些功能無法編寫時，或者編寫起來非常耗時，一定要查詢網上是否已經有相應的函式庫。如果有，趕緊用 shell 命令下載安裝，然後 import，最後開開心心呼叫它。

　　千萬不要覺得使用別人寫好的函式庫很丟人，沒有技術含量。實際上技術含量仍是有的：你得閱讀該函數的使用規範吧？你得掌握該函數的功能特徵吧？你得給該函數投餵正確的引數資訊吧？如果搞不懂這些，不僅無法享用現有的函式庫，甚至還有可能造成程式崩潰、資料丟失。

　　打個比方，函式庫好比別人鍛造的刀劍。武林高手不會鍛造刀劍並不丟人，但如果不會使用刀劍，甚至在掄動刀劍時砍掉自己一條腿，那就丟人丟大了。

↘ 用費波那契數列進入桃花島

　　有一款很好玩的武俠遊戲叫《蒼龍逐日》，玩家可以在虛擬的江湖世界隨意探索，遇到郭靖、段譽、胡斐、韋小寶、令狐沖、石破天等武俠人物，踏足少林寺、桃花島、青城派、全真教、黎山洞等武俠勝地，學會神奇武功，不斷打怪升級。

　　這款遊戲有許多攻略，其中之一是在桃花島上進入桃林的小訣竅，具體方法是：從左向右敲擊桃樹，依次在第一棵樹、第二棵樹、第三棵樹、第五棵樹、第八棵樹的旁邊按下空白

鍵，就能打開密道。

第一棵、第二棵、第三棵、第五棵、第八棵，樹的序號對應阿拉伯數字 1、2、3、5、8。請留意這組數字，因為它們其實是一個數列，在數學、經濟學和生物學領域都非常有名的數列：費波那契數列。

費波那契數列是義大利數學家列奧納多・費波那契（Leonardo Fibonacci）提出，他在十三世紀就已成名，大概與郭靖同時代，比楊過和小龍女略早。費波那契數列用白話表述就是：從第三個數開始，每個數都是前兩個數的和。

例如，第一個數是 1，第二個數是 1，那麼第三個數就是 1 和 1 相加得到的 2，第四個數就是 1 和 2 相加得到的 3，第五個數是 2 和 3 相加得到的 5，第六個數是 3 和 5 相加得到的 8，第七個數是 5 和 8 相加得到的 13，第八個數就是 8 和 13 相加得到的 21……

1、1、2、3、5、8、13、21、34、55、89、144、233、377、610……這樣一組數字，就構成費波那契數列。費波那契數列是增長很快的數列，前面幾個數字看起來並不起眼，後面的數字愈變愈大，第十項還是 55，第五十項已經是 12586269025，到第一百項時，已經增長到驚人的 354224848179261915075！

我們可以寫一個自訂函數，算出費波那契數列的任意一項數字：

```
''' 費波那契數列
    輸入引數 n，算出費波那契數列的第 n 項數字 '''
def FibonacciSequence(n):
    # 如果 n 小於 1，回傳空值
    if n < 1:
        return None
    # 如果 n 為 1 或 2，則回傳 1（費波那契數列的前兩項都是 1）
    elif n == 1 or n == 2:
        return 1
    # 如果 n 大於 2，則用 for 迴圈疊代求和前面相鄰的兩項，得出後
面各項
    else:
        f1 = f2 = 1
        for i in range(3,n+1):
            fn = f1+f2
            f1 = f2
            f2 = fn
    return fn
```

以上代碼清晰易懂，唯一的難點是 for 迴圈中的疊代求和部分。我們把這個部分單獨拎出來，仔細分析一下：

```
f1 = f2 = 1
for i in range(3,n+1):
    fn = f1+f2
    f1 = f2
    f2 = fn
```

f1 和 f2 分別代表費波那契數列第 n 項前面的相鄰兩項，進入迴圈之前，先賦值為 1。

for i in range(3,n+1)，讓變數 i 在從 3 到 n 的範圍內依次取值。

fn = f1+f2，創建變數 fn，代表費波那契數列的第 n 項，讓它等於 f1+f2。

例如，輸入的引數是 3，那麼 f3 = f1+f2 = 1+1 = 2。

如果實參是 4，那麼 for 迴圈先算出 f3 的值，也就是 2，再將 2 賦值給 f2，然後讓 f1 和 f2 相加，得到 3，賦值給 f4，結果 f4 = 3。

如果實參是 5，for 迴圈仍然先算出 f3 的值，再算出 f4 的值，再將這兩個值賦給 f1 和 f2，然後讓 f1 和 f2 相加，使 f5 = f1+f2 = 2+3 = 5，結果 f5 = 5……

如此這般迴圈計算，疊代相加，不斷更新 f1 和 f2 的值，就能得出任意一項的值。

現在再寫一個 for 迴圈，呼叫這個自訂函數，輸出費波那契數列的前五十項：

```
for n in range(1,51):
    fn = FibonacciSequence(n)
    print(' 第 '+str(n)+' 項：',fn)
```

保存並運行，結果如下：

第 1 項：1
第 2 項：1
第 3 項：2
第 4 項：3
第 5 項：5
第 6 項：8
第 7 項：13
第 8 項：21
第 9 項：34
第 10 項：55
第 11 項：89
第 12 項：144
第 13 項：233
第 14 項：377
第 15 項：610
第 16 項：987
第 17 項：1597
第 18 項：2584
第 19 項：4181
第 20 項：6765
第 21 項：10946
第 22 項：17711
第 23 項：28657
第 24 項：46368
第 25 項：75025
第 26 項：121393
第 27 項：196418
第 28 項：317811
第 29 項：514229
第 30 項：832040
第 31 項：1346269
第 32 項：2178309
第 33 項：3524578
第 34 項：5702887
第 35 項：9227465

第 36 項：14930352
第 37 項：24157817
第 38 項：39088169
第 39 項：63245986
第 40 項：102334155
第 41 項：165580141
第 42 項：267914296
第 43 項：433494437
第 44 項：701408733
第 45 項：1134903170
第 46 項：1836311903
第 47 項：2971215073
第 48 項：4807526976
第 49 項：7778742049
第 50 項：12586269025

　　使用我們編寫的這個 FibonacciSequence 函數，能夠在半秒鐘內算出費波那契數列的第一千項、第一萬項、第一百萬項。它們都是嚇人的大數字，其中第一千項等於 43466557686 93745643568852767504062580256466051737178040248172908 95365554179490518904038798400792551692959225930803226 34775209689623239873322471161642996440906533187938298969649992851600370447613779516684922887 5，第一萬項是……算了，如果複製貼上到這裡，本頁根本放不下。至於第一百萬項，在 A4 紙上用五級字列印出來，至少需要三十張紙！

　　還有另一種程式設計方法，同樣能得到費波那契數列，用到的代碼卻少得多：

```
''' 費波那契數列
    以遞迴演算法實現 '''
def rFibonacciSequence(n):
    # 如果引數 n 小於 1，回傳空值
    if n < 1:
        return None
    # 如果引數 n 為 1 或 2，回傳 1
    elif n == 1 or n == 2:
        return 1
    # 如果引數 n 大於 2，遞迴呼叫函數本身
    else:
        fn = rFibonacciSequence(n-1) + rFibonacciSequence(n-2)
        return fn
```

　　我替這個全新的自訂函數取名 rFibonacciSequence，其中 FibonacciSequence 仍然是費波那契數列的英文寫法，前面的 r 則是 recursion 的縮寫，翻譯成中文叫做「遞迴」。

　　什麼是遞迴呢？簡單來說，就是讓一個函數呼叫自己。當然，這個解釋不能讓你理解遞迴，我們還是看代碼。

　　代碼裡最關鍵的一行，fn = rFibonacciSequence(n-1) + rFibonacciSequence(n-2)，意思是費波那契數列的第 n 項等於前面相鄰兩項的和，也就是第 n-1 項與第 n-2 項相加。

　　rFibonacciSequence 函數裡這一行簡單的代碼，實際上連續兩次呼叫 rFibonacciSequence 函數。代碼指定第 n 項等於第 n-1 項加第 n-2 項，電腦怎麼知道第 n-1 項和第 n-2 項的具體值呢？它得倒推計算。

　　怎麼倒推呢？我們用最簡單的實例來說明。假定輸入的實參為 5，也就是求費波那契數列的第五項，代碼先讓 f5 = f4+f3，所以必須求出 f4 和 f3。然後代碼讓 f4 = f3+f2，又必須求出 f3 和 f2。f2 是多少？elif n==1 or n==2，return 1，這兩行代碼已經給 f1 和 f2 賦值為 1。OK，f1 和 f2 的值已經指定，所以 f3 = f2+f1 = 1+1 = 2，f3 的值也有了。然後 f4 = f3+f2 = 2+1 = 3，f4 的值也有了。最後 f5 = f4+f3 = 3+2 = 5，於是求出 f5 的值。

　　我來畫一張圖，將代碼運行的整個過程具象化：

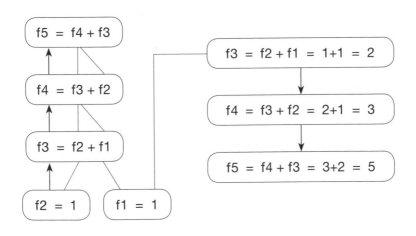

終極目標：求 f5 的值

　　將電腦比做人類，圖上左側是它的思考過程，右側是它的計算過程。思考過程中，電腦一層一層地傳遞引數，簡稱

「遞」；計算過程中，電腦一層一層地迴傳函數值，簡稱
「迴」。對，這就是遞迴之所以叫做遞迴的原因。

遞迴的核心思想是八個字：大事化小，小事化了。而要想
做到「小事化了」，就得在遞迴之前告訴電腦，「小事」在何
時「化了」。前面代碼中，我們必須告訴電腦 f1 和 f2 的值，
否則遞迴過程將沒有盡頭，就像 while 迴圈陷入閉環。

⤷ 消耗內力的遞迴

所有學習遞迴的初學者都會拿兩個經典案例來練習，一個
是費波那契數列，另一個則是階乘。

階乘是一個數學概念，一個數的階乘就是小於等於它的正
整數連續相乘。每一個正整數都有階乘，1 的階乘是 1，2 的
階乘是 2×1，3 的階乘是 3×2×1，4 的階乘是 4×3×2×1，
n 的階乘是 n×(n-1)×(n-2)×(n-3)×……3×2×1。另外數學家
還專門規定，0 也有階乘，0 的階乘是 1。

先用 for 迴圈寫一個計算階乘的自訂函數：

```
''' 用 for 迴圈算階乘
    投餵引數 n，吐出 n 的階乘 '''
def factorial(n):
    # 如果 n 為小數，吐出空值
    if n < 0:
        return None
```

```
# 如果 n 非整數，吐出空值
elif isinstance(n,int) == False:
    return None
# 如果 n 為零，則階乘為 1
elif n == 0:
    return 1
# 如果 n 為正整數，則進入 for 迴圈，疊代相乘
else:
    temp = 1    # 創建臨時變數 temp，初始值為 1
    for i in range(2,n+1):
        result = temp * i   # 讓臨時變數乘以小於 n 的每個數
        temp = result       # 將乘積賦值給臨時變數
    return result           # 迴圈終止，吐出疊代乘積
```

也可以用 while 迴圈寫一個功能相同的自訂函式：

```
''' 用 while 迴圈算階乘
    投餵引數 n，吐出 n 的階乘 '''
def factorial(n):
    # 如果 n 為小數，吐出空值
    if n < 0:
        return None
    # 如果 n 非整數，吐出空值
    elif isinstance(n,int) == False:
        return None
    # 如果 n 為零，則階乘為 1
    elif n == 0:
        return 1
    # 如果 n 為正整數，則進入 while 迴圈，疊代相乘
    else:
        temp = 1    # 創建臨時變數 temp，初始值為 1
        i = 1       # 變數 i 代表疊代次數，初始值為 1
        while i <= n:
            result = temp * i   # 讓臨時變數乘以小於 n 的每個數
```

```
        temp = result        # 將乘積賦值給臨時變數
        i = i+1              # 將疊代次數增加一次
        return result        # 迴圈終止，吐出疊代乘積
```

假如不考慮使用者呼叫函數時輸入非正整數（0、小數、負數）的情形，以上兩段代碼都可以簡化，例如「while 迴圈算階乘」這個函數可以簡化成：

```
def factorial(n):
    temp = 1   # 創建臨時變數 temp，初始值為 1
    i = 1      # 變數 i 代表疊代次數，初始值為 1
    while i <= n:
        result = temp * i # 讓臨時變數乘以小於 n 的每個數
        temp = result       # 將乘積賦值給臨時變數
        i = i+1             # 將疊代次數增加一次
    return result           # 迴圈終止，吐出疊代乘積
```

簡化後只剩八行代碼，實際測試一下，可以正確計算任意正整數的階乘（前提是電腦算力足夠強大）：

```
>>> factorial(3)
6
>>> factorial(6)
720
>>> factorial(100)
933262154439441526816992388562667004907159682643816214
685929638952175999932299156089414639761565182862536979
208272237582511852109168640000000000000000000000000
```

但如果使用遞迴，代碼將變得更加簡短：

```
def rfactorial(n):
    if n == 0 or n == 1:
        return 1
    else:
        result = n * rfactorial(n-1)
        return result
```

當引數 n 為 0 或 1 時，規定階乘為 1；當 n 大於 1 時，遞迴呼叫函數本身，讓 n 乘以 n-1 的階乘，並將遞迴結果投餵給變數 result，最後吐出 result。

我們甚至還能扔掉這個 result 變數，直接吐出遞迴結果：

```
def rfactorial(n):
    if n == 0 or n == 1:
        return 1
    else:
        return n * rfactorial(n-1)
```

你看，只剩五行代碼了。如此簡短的遞迴函式，能正常運行嗎？能給出正確結果嗎？測試一下：

```
>>> rfactorial(3)
6
>>> rfactorial(6)
720
>>> rfactorial(100)
9332621544394415268169923885626670049071596826438162146859296389521759999322991560894146397615651828625369792082722375825118521091686400000000000000000000000
```

　　結果完全正確，且運行速度飛快，感覺和前面用迴圈結構疊代相乘的速度一樣快。

　　然而，如果要計算一個較大數字階乘，遞迴函數就無能為力了。嘗試輸入 rfactorial(1000)、rfactorial(3000)、rfactorial(10000)、rfactorial(100000)，讓這個遞迴函數輸出一千、三千、一萬、十萬的階乘。你猜會怎樣？輸入 rfactorial(1000) 時，電腦算上幾秒鐘，還能給出結果；一輸入 rfactorial(3000)，電腦不但不進行計算，還給出一堆報錯警告，都是血紅的英文和數字，讓人觸目驚心。那堆報錯警告裡，最關鍵的是末尾一句紅字：

RecursionError: maximum recursion depth exceeded in comparison

　　意思是「遞迴錯誤：超過了最大的遞迴深度」，為什麼會給出這個警告？「遞迴深度」又是什麼意思？

　　簡單說，每一個遞迴函數都需要一層一層地呼叫自己，每呼叫一次，至少都得占用記憶體的一小塊空間（英文叫 stack，臺灣譯為「堆疊」）。餵給遞迴函數的實參愈大，該函數占用的記憶體空間愈多，如果不加限制，很容易占去全部記憶體，讓整臺電腦陷入崩潰狀態。

　　有沒有解決辦法呢？有。第一，可以修改 Python 的標準函式庫 sys，將程式預設的遞迴深度改大一些；第二，可以優化遞迴函數，將每層遞迴的計算結果做為引數，這樣就能減少

遞迴占用的記憶體空間。例如把階乘函數的遞迴寫法改成這個
樣子：

```
def rfactorial(n,result):
    if n == 0 or n == 1:
        return result
    else:
        return rfactorial(n-1,n*result)
```

　　呼叫這個優化過的遞迴函數時，需要輸入兩個實參，前一
個引數 n 不變，後一個引數 result 必須輸入 1：

```
>>> rfactorial(3,1)  # 計算 3 的階乘
6
>>> rfactorial(6,1)  # 計算 6 的階乘
720
>>> rfactorial(100,1) # 計算 100 的階乘
93326215443944152681699238856266700490715968264381621
46859296389521759999322991560894146397615651828625369 79
20827223758251185210916864000000000000000000000000
```

　　同樣的，輸入 rfactorial(3000,1) 就能求出 3000 的階乘，
此時電腦將不再報錯。但這個數字實在太大，得用好幾頁才能
寫完，請允許我略去不寫。如果輸入 rfactorial(10000,1) 呢？
又是一堆觸目驚心的紅色報錯，這說明優化後的遞迴函數仍然
要占用大量記憶體，以至於到了電腦不能忍受的地步。更準確
地說，不是電腦不能忍受，而是程式設計語言不能忍受。做為

一門成熟的程式設計語言，Python 不允許程式設計師無節制地使用遞迴。

對，使用遞迴必須克制。遞迴有鮮明的優勢：思路清晰，代碼簡短；遞迴也有鮮明的劣勢：占用記憶體，消耗空間。將遞迴比做武功，就像郭靖的降龍十八掌，威力強大，但也會快速地消耗內力。所以，一個優秀的程式設計師必須熟練地使用遞迴，同時又要十分克制、小心謹慎地使用。

本章結尾再回顧函數的本質：從內置函數到自訂函數，從函式庫到遞迴函數，所有函數都是用來處理資訊的盒子。這些盒子不像餅乾盒或存錢盒那樣看得見、摸得著，它們儲存在電腦裡，處理資訊的過程就是電腦做計算的過程。

所以，處理資訊＝計算，計算＝處理資訊。

我們必須重新理解「計算」，必須在腦海裡使勁拓寬這兩個字的邊界。所謂計算，絕對不僅是數學計算，更包括邏輯計算。「一加一等於二」是計算，「如果你打我，那麼我就打回去」也是計算。廣義上的計算，其實就是演化，從輸入狀態到輸出狀態的演化。

一個優秀程式設計師的腦袋裡，計算就是演化，計算過程就是演化過程，計算設備就是能夠按照既定規則進行演化的物理系統，電腦就是既能儲存資訊，又能儲存演化規則，還能完成多種演化，最後又能輸出演化結果的一套人造物理系統。

　　我們擁有種類繁多的計算工具，但只有少數幾種夠資格叫做「電腦」。例如我們的手指，能做簡單的加減法，能打手勢、發暗號給別人，但不能儲存計算規則和計算結果，所以不是電腦；例如算籌、算盤和計算尺，能做較為複雜的計算，能夠儲存計算結果，但不能儲存計算規則，所以不是電腦；再例如計算機，無論是過去那種操起來能把人砸出腦漿的老式鐵疙瘩機械式計算機，還是現在小巧玲瓏自帶螢幕的可程式設計計算機，都能儲存計算規則，但它們只能完成數學計算這一種演化，所以也不屬於電腦；而我們的桌上型電腦、筆記型電腦、平板電腦、車載電腦、路由器、智慧型手機、智慧玩具、數值控制和耗費鉅資打造的超級電腦，都能儲存多種計算規則，都能改變計算規則，都能完成多種計算，所以它們都是電腦。

　　電腦都可以程式設計，我們學習的程式設計知識絕不僅用在桌上型電腦、筆記型電腦和超級電腦，同樣也會被用在智慧型手機、智慧玩具、數值控制、車載電腦、路由器和其他智慧型的家用電器。事實上，當你讀到這段文字時，這個世界上正有數以萬計的程式設計師，為那些看起來不像電腦的電腦編寫程式，讓它們為人類做出更多和更酷的事情。

寫出人人能用的程式

↘ 袁承志尋寶

　　普通人使用電腦，用滑鼠的次數多，用鍵盤的次數少。特別是那些入門級用戶，俗稱「電腦菜鳥」，假如沒有滑鼠，關機都關不掉。當然，這不能怪用戶，因為絕大多數人使用的作業系統都是視窗型，電腦上安裝的絕大多數軟體也是視窗型。什麼是「視窗型」？就是有一個看得見的視窗，視窗上有各式各樣的按鈕，用滑鼠點擊按鈕，就能完成操作，用不著輸入命令，更用不著輸入代碼。

　　然而前面幾章編寫的程式都沒有視窗，都必須用鍵盤輸入相應的命令，它們不是視窗型程式，而是命令列程式。對廣大不懂程式設計和不熟悉命令列操作方式的使用者來講，這種程式很難使用，也很不友善。

　　說實話，將不友善的命令列程式改成簡單易用的視窗程式，不是 Python 的強項，更不是 C 語言的強項，而是 VB、VB.net、Delphi 等語言的強項。如果編寫網頁上的視窗程式，那是 Java 的強項，Java 有許多成熟而強大的半成品框架，瞬間能做出 web 視窗。但 Python 發展到今天，還是發展出一些相對好用的函式庫，可以幫我們編寫視窗程式。本節先介紹一個最簡單的視窗函式庫：easygui。

　　easygui，easy 即「容易」，gui 是 Graphical User Interface（圖形化使用者介面）的縮寫，標準發音為「既右愛」。好多

程式設計師讀這個函式庫，easy 還能讀對，到 gui 就變成漢語拼音，easygui，easy 貴。其實這是極不規範的讀法，就像一些朋友把 WindowsXP 讀成「溫岔劈」、把 xml 讀成「岔梅歐」、把 c# 讀成「c 井」（正確讀法是 C sharp）、把 PHP 讀成「拍黃片」一樣，全世界都搞不明白他們說的到底是哪一路黑話。

做為 Python 的標準函式庫，easygui 無需安裝，導入即可使用，而它的主要功能，就是讓程式設計師能迅速寫出非常簡單的對話方塊。讓我們用直譯器體驗：

```
>>> import easygui
>>> easygui.msgbox(' 你好，武俠程式設計 ')
```

一個消息對話方塊彈了出來：

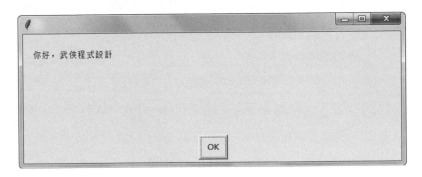

點 OK，關掉這個消息對話方塊，擴充 easygui.msgbox() 的引數：

> >> easygui.msgbox(msg=' 你好，武俠程式設計 ',title=' 第一個訊息
方塊 ',ok_button=' 點這裡，點這裡 ')

消息對話方塊將變成這個樣子：

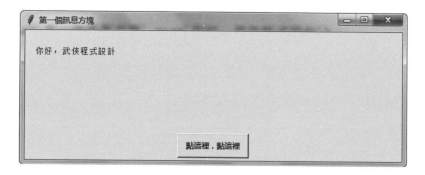

很明顯，msgbox 是 easygui 裡專門產生消息對話方塊的函
數，該函數可以輸入多個引數，其中 msg 引數指定訊息方塊
的提示內容，title 引數指定訊息方塊的標題，ok_button 引數
指定按鈕上顯示的文本。

easygui 另一個常用對話方塊是 buttonbox，可稱「命令按
鈕對話方塊」，它也有 msg 引數和 title 引數，同時還能在對
話方塊中產生多個按鈕，供使用者選擇：

> >> easygui.buttonbox(msg=' 選出你最喜歡的一個武俠人物 ',title=
' 選擇武俠人物 ',choices=(' 郭靖 ',' 喬峰 ',' 黃蓉 ',' 小龍女 ',' 楊過 ',
' 令狐沖 '))

按輸入鍵，螢幕上將出現這樣一個彈窗：

enterbox 也是編寫簡易視窗程式時相對常用的對話方塊，我們叫它「輸入框」或「文字方塊」。顧名思義，用戶可以透過這個對話方塊輸入一句話或一堆文字：

```
>>> easygui.enterbox(msg=' 請輸入你最想說的話：',title=' 你的輸入
框 ',default=' 這裡是預設輸入的內容 ')
```

運行這行代碼，彈出如下視窗：

　　easygui 共有二十多個函數，對應二十多種對話方塊，如
需全部了解，查閱《Python 參考手冊》之類的工具書，或者
進入 Python 直譯器的說明模式，查閱你想了解的任意函數。

　　怎麼進入說明模式呢？非常簡單，在直譯器中輸入
「help()」即可：

```
>>> help()    # 進入說明模式
```

　　按輸入鍵，蹦出一大堆藍色英文單詞，指示你進一步輸
入想要了解的函數名稱、模組名稱或關鍵字名稱。例如想了
解 easygui 的整體功能，就輸入 easygui；想了解 easygui 裡的
msgbox 函數，就輸入 easgui.msgbox；如果想從說明模式退出
呢？輸入 quit。

```
help> easygui.msgbox # 在說明模式下查閱 msgbox 的使用說明
Help on function msgbox in easygui:

easygui.msgbox = msgbox(msg='(Your message goes here)', title=' ',
ok_button='OK', image=None, root=None)
    The "msgbox()" function displays a text message and offers an
OK button. The message text appears in the center of the window,
the title text appears in the title bar, and you can replace the "OK"
default text on the button. Here is the signature::

        def msgbox(msg="(Your message goes here)", title=" ",
ok_button="OK"):
            ....
```

```
    The clearest way to override the button text is to do it with a
keyword argument, like this::

        easygui.msgbox("Backup complete!", ok_button="Good
job!")

    Here are a couple of examples::

        easygui.msgbox("Hello, world!")

    :param str msg: the msg to be displayed
    :param str title: the window title
    :param str ok_button: text to show in the button
    :param str image: Filename of image to display
    :param tk_widget root: Top-level Tk widget
    :return: the text of the ok_button

help> quit    # 輸入 quit 可退出說明模式
```

　　說明模式下，你能輕鬆查到每個函數、每個模組、每個關鍵字的詳盡說明，可惜全是英文。對英文不好的朋友來說，查閱一本中文版的參考書可能才是更加合適的選擇。

　　下面要編寫一個名叫「袁承志尋寶」的彈窗程式，試試 easygui 的實際作用。

　　《碧血劍》第三回，袁承志無意中闖入金蛇郎君的藏身密洞，先在石壁上看到一行字：「重寶祕術，付與有緣，入我門來，遇禍莫怨。」繼續往裡闖，發現一個大鐵盒，盒中紙箋寫道：「務須先葬我骸骨，方可啟盒，要緊要緊。」他遵照這條

命令，埋葬金蛇郎君的遺骸，結果卻挖出一個小鐵盒，盒中紙箋寫的是：「君是忠厚仁者，葬我骸骨，當酬以重寶祕術。大鐵盒開啟時有毒箭射出，盒中書譜地圖均假，上有劇毒，以懲貪欲惡徒。真者在此小鐵盒內。」

假如袁承志讀到石壁上的文字後立刻退出，就不會有危險，但也不會得到寶物；假如他發現大鐵盒後，直接打開盒子，不去埋葬金蛇郎君，那他一定會被毒箭射死。

釐清上述邏輯，我們可以用 easygui 模擬出金蛇郎君的設計和袁承志的策略：

```python
# 導入標準函式庫 easygui
import easygui as e

# 袁承志看到石壁文字，做出第一個選擇：是否繼續往裡闖
choice1 = e.buttonbox(msg = ' 重寶祕術，付與有緣，入我門來，遇
禍莫怨。',
                                title = ' 山洞石壁上的警示 ',
                                choices = (' 繼續闖入 ',' 退出山洞 '))

if choice1 == ' 退出山洞 ':
    e.msgbox(msg = ' 你不會遇到危險，但也得不到寶物 ',
            title = ' 好走不送 ')
else:
    e.msgbox(msg = ' 寶藏和危機都在前方等你 ',
            title = ' 一路當心 ')

# 袁承志發現大鐵盒，做出第二個選擇：是否先埋葬金蛇郎君
if choice1 == ' 繼續闖入 ':
    choice2 = e.buttonbox(msg = ' 務須先葬我骸骨，方可啟盒，要
緊要緊。',
```

```
                              title = ' 大鐵盒裡的紙箋 ',
                              choices = (' 先安葬遺骸 ',' 先打開鐵盒 '))
        if choice2 == ' 先打開鐵盒 ':
            e.msgbox(msg = ' 很遺憾，你將死在毒箭之下 ',
                     title = ' 毒箭射出 ')
        else:
            e.msgbox(msg = ' 恭喜你，年輕人，我送你一個小鐵盒，
內面有寶貝哦！',
                     title = ' 送你寶貝 ')


# 假定小鐵盒有密碼，袁承志輸入正確的密碼，才能開啟此盒
global run   # 創建布林變數 run，聲明其為全域變數
run = False  # 設定 run 的初始值為 False
if choice1 == ' 繼續闖入 ' and choice2 == ' 先安葬遺骸 ':
    run = True  # 修改 run 的值，實其為 True
    key = ' 芝麻開門 '

while run == True:
    password = e.enterbox(msg = ' 請輸入密碼： ',
                          title = ' 密碼輸入框 ')
    if password == key:
        e.msgbox(msg = ' 小鐵盒開啟成功！')
        run = False
    else:
        e.msgbox(msg = ' 密碼不對，請繼續輸入 ')
```

　　這些代碼用到 easygui 的 msgbox、buttonbox 和 enterbox，其中 buttonbox 讓袁承志做選擇，msgbox 報出各種選擇所帶來的後果，最後的 enterbox 讓他輸入開啟小鐵盒的密碼──這裡假定開啟鐵盒需要密碼，並假設密碼就是「芝麻開門」。

　　請注意輸入引數的方式：代碼中 buttonbox、enterbox 和 msgbox 至少都有兩個引數，為了避免同一行代碼太過臃腫，我直接將各個引數分行輸入。強行將一行長代碼分成幾行，是 Python、Java、C++ 等多種程式設計語言所允許，能讓代碼看上去更清晰。不過，分行時千萬不要將同一個引數分開，更不要將同一個變數分開，因為編譯器無法識別。

　　還要注意後半段的一行代碼：

```
global run
```

　　global 是 Python 關鍵字，功能是「聲明某某變數為全域變數」。

　　本來 Python 環境下的變數都是動態變數，可以自動創建，並能隨時修改，使用變數前，不需要像其他程式設計語言那樣聲明變數類型。但也正因為如此，Python 變數的活動範圍較窄，只能在同一個函數或同一個模組內部發揮作用，一走出來就沒人認識了。怎樣才能讓一個變數從頭到尾都發揮作用呢？只有用 global 聲明。global run，run 成為全域變數，然後就能在後面的判斷結構和迴圈結構裡發揮作用。

　　運行程式，電腦先彈出一個命令按鈕方塊：

　　如果袁承志點擊「退出山洞」，則彈出訊息方塊，然後程式結束。

　　如果點擊「繼續闖入」，會彈出另一個訊息方塊：

點 OK，程式繼續，又是一個命令按鈕方塊：

選擇「先打開鐵盒」，則毒箭射出，程式結束。

如故選擇「先安葬遺骸」，則程式繼續運行，彈出訊息方塊「送你寶貝」：

　　緊接著彈出密碼輸入框，讓袁承志輸入開啟小鐵盒的密碼。

　　輸入「芝麻開門」，則程式結束，否則 while 迴圈將一直運行，反覆彈出密碼輸入框，直到袁承志輸入正確密碼。

↘ 尋寶升級

　　這個彈窗程式「袁承志尋寶」好玩嗎？恐怕說不上好玩。幾個對話方塊彈來彈去，不點它就關不掉，點了又彈出其他對話方塊，就像垃圾網站的彈窗廣告似的，正常人哪會喜歡這種程式！所以我們棄用 easygui，改用另一款視窗標準庫：tkinter。名字好古怪，這款標準函式庫得名於一組單詞：tk，tool command（工具控制）的縮寫；inter，interface（介面）的縮寫。組合起來，tkinter，工具控制介面。

　　tkinter 的功能不算強大，適合編寫單個視窗的簡易視窗軟
體，像是計算機、電子鐘、電子日記、電子便簽、聊天工具等
小程式。很多程式設計師看不起它，相對認可的視窗工具包
是 PyQt、PyGTK、wxPython、Electron、wxWidgets。然而，
後面這些工具包全是資料量龐大的協力廠商函式庫，需要用
shell 命令下載安裝、配置環境變數，甚至還要搭配 Pycharm、
Pycharm 等集成開發平臺才能正常使用。tkinter 呢？本來就躺
在 Python 的安裝包裡，import 就行了。

　　也就是說，tkinter 不是功能豐富的視窗庫，但卻是立刻可
取的工具箱，最適合初學者練習。若讓初學程式設計的小讀者
去學 PyQt，光是下載、安裝和配置就得耗上大半天，把人家
整得暈頭轉向、興趣全無，還沒入門就決定放棄，那不是害人
嗎？

　　另外，雖說 tkinter 功能不多，但一樣能開發出漂亮的視
窗軟體。舉一個最有說服力的例子：我們一直用來學習和測試
各種程式設計技術的 Python 直譯器，其實就是用 tkinter 開發
出來的。

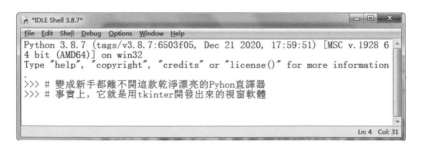

還是那句老話，光說不練假把戲，繼續打開直譯器，試試 tkinter 的小功能：

```
>>> import tkinter as tk  # 導入視窗標準函式庫 tkinter，改名為 tk
>>> window = tk.Tk()     # 創建視窗，用變數 window 表示
>>> window.title(' 袁承志尋寶 ') # 將窗口標題命名為「袁承志尋寶」
>>> window.geometry('400x200')  # 設置視窗尺寸：寬 400 畫素，高
200 畫素
```

從輸入第二行代碼 window = tk.Tk() 開始，螢幕左上就蹦出一個白底籃框的空白視窗。然後第三行代碼搞定視窗標題，第四行代碼搞定視窗尺寸，於是那個空白視窗就變成這樣子：

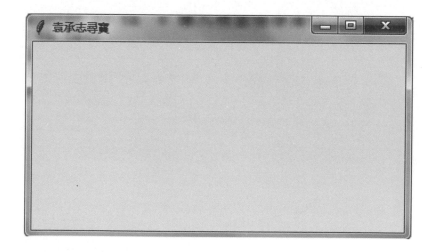

不要關掉它，繼續在直譯器裡擴充代碼，讓這個空白視窗裡出現一些我們想要的東西。

```
>>> msg = ' 重寶祕術，付與有緣，入我門來，遇禍莫怨。'
>>> warning = tk.Label(window,text=msg,
                                   font=('Times', 13, 'bold italic'))
>>> warning.grid(row=3,column=0,sticky='w',padx=10,pady=5)

>>> button_quit = tk.Button(window,
                                   text=' 退出任務 ',
                                   font=('Times', 14))
>>> button_quit.grid(row=6,column=0,sticky='s',padx=10,pady=5)
```

從 msg 到 warning.grid，前三行代碼在視窗內部產生一個
文本標籤，標籤內容正是金蛇郎君刻在山洞石壁上的那句警
示。從 button_quit 到 button_quit.grid，後兩行代碼在文本標籤
下面產生一個命令按鈕，按鈕上寫著「退出任務」。

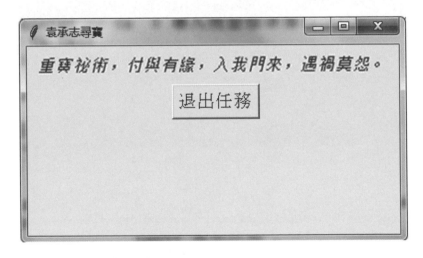

點擊「退出任務」，嗯？沒反應？對。為何沒反應呢？因
為我們還沒有給這個按鈕編寫對應的任務函數。用 tkinter 和

其他視窗函式庫開發視窗程式的一大精髓就是：你必須替所有命令按鈕設計和編寫任務函數，並指定每個按鈕分別呼叫哪個函數，否則按鈕就是擺設。

　　既然人家是「退出任務」按鈕，那就替它編寫一個負責關閉視窗的自訂函數：

```
>>> def quit():
    window.quit
```

　　修改 button_quit 按鈕，讓它呼叫 quit 函數：

```
>>> button_quit = tk.Button(window,
                            text=' 退出任務 ',
                            font=('Times', 14)
                            command=quit())
```

　　再點擊「退出任務」，窗口很聽話地關閉。

　　重新調出主視窗，重新設置視窗標題、視窗尺寸，再放入一個按鈕和一個文字方塊：

```
>>> window = tk.Tk()
>>> window.title(' 袁承志尋寶 ')
>>> window.geometry('200x200')
>>> button = tk.Button(window,text=' 輸入密碼 ')
>>> button.pack()
>>> entry = tk.Entry(window)
>>> entry.place(x=30,y=60)
```

主視窗相當於一個容器，而按鈕、功能表、標籤、文字方塊等工具都要放進這個容器，用 grid 方法、pack 方法或 place 方法顯示出來。這裡用 pack 方法顯示按鈕 button，用 place 方法顯示文字方塊 entry，讓按鈕居中顯示，讓方塊顯示在按鈕下面。就是右圖這個效果：

如果想讓按鈕消失，輸入代碼 button.forget()；想讓方塊消失，輸入代碼 entry.forget()。如果想讓按鈕執行某項任務，則編寫一個對應的任務函數。

簡單了解過 tkinter 的使用方法，我們切換到編輯器，重新編寫「袁承志尋寶」視窗程式。程式設計思路是這樣的：

先讓主視窗上顯示金蛇郎君留在山洞石壁上的那句警示：「重寶祕術，付與有緣，入我門來，遇禍莫怨。」警示下面有兩個按鈕，一個是「退出山洞」，一個是「繼續闖入」。

點擊「退出山洞」，視窗關閉，程式結束；點擊「繼續闖入」，則警示變成「務須先葬我骸骨，方可啟盒，要緊要緊」。同時兩個按鈕上的文字分別變成「先安葬遺骸」和「先打開鐵盒」。

點擊「先打開鐵盒」，彈出訊息方塊：「很遺憾，你將死

在毒箭之下！」然後程式結束。

點擊「先安葬遺骸」，彈出訊息方塊：「恭喜你，年輕人，我送你一個小鐵盒，裡面有寶貝哦！」然後出現文字方塊，要求輸入開啟小鐵盒的密碼。當輸入「芝麻開門」時，彈出訊息方塊：「小鐵盒開啟成功！」

```python
# 導入標準函式庫 tkinter，命名為 tk
import tkinter as tk
# 導入訊息方塊
from tkinter import messagebox

# 退出山洞
def quit():
    window.quit()

# 繼續闖入
def go():
    new_msg = ' 務須先葬我骸骨，方可啟盒，要緊要緊 '
    text.forget()
    new_text = tk.Label(window,text=new_msg,
                font=('Times', 13, 'bold italic'))
    new_text.place(x=20,y=20)

# 先打開鐵盒
def openbox():
    tk.messagebox.showinfo(message=' 很遺憾，你將死在毒箭之下！')
    quit()

# 先安葬遺骸
def bury():
    tk.messagebox.showinfo(message=' 恭喜你，年輕人，我送你一個小鐵盒，裡面有寶貝哦！')
```

```
# 輸入密碼開鐵盒
def input_password(password):
    if password == ' 芝麻開門 ':
        tk.messagebox.showinfo(message=' 小鐵盒開啟成功！')
    else:
        tk.messagebox.showinfo(message=' 密碼不對，請重試 ')


# 創建主窗口
window = tk.Tk()
window.title(' 袁承志尋寶 ')
# 設置視窗大小：寬 400 畫素，高 200 畫素
window.geometry('400x200')
# 修改視窗左上角的羽毛圖示，換成袁承志的動漫畫像
window.iconbitmap(r'D:\ 武俠程式設計 \ 程式設計 \yuan_chengzhi.
ico')


# 文本標籤
msg = ' 重寶祕術，付與有緣，入我門來，遇禍莫怨。'
text = tk.Label(window,text=msg,
                font=('Times', 13, 'bold italic'))
text.place(x=20,y=20)


#「退出山洞」按鈕
button_quit = tk.Button(window,
                        text=' 退出山洞 ',
                        font=('Times', 13),
                        command=quit())
button_quit.place(x=60,y=120)


#「繼續闖入」按鈕
button_go = tk.Button(window,
                      text=' 繼續闖入 ',
                      font=('Times', 13),
                      command=go())
button_go.place(x=260,y=120)


# 密碼輸入框
```

```
entry_usr_pwd = tk.Entry(window, input_password(password))
entry_usr_pwd.place(x=160, y=190)

# 開啟事件主迴圈
window.mainloop()
```

　　運行程式，視窗、標籤、按鈕皆出現，點擊「繼續闖入」，一步步完成探險。

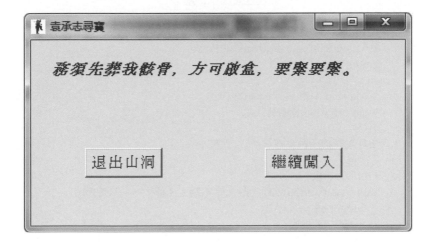

↘ 溫度轉換器

　　「袁承志尋寶」只是對武俠情節的模擬，沒有實用價值，我們再寫一個有實用價值的視窗程式：溫度轉換器。

　　亞洲人習慣使用攝氏度，美國人習慣使用華氏度，這兩種溫度的換算公式是：

華氏度 = 32 + 攝氏度 × 1.8

攝氏度 =（華氏度 − 32）÷ 1.8

現在要編寫一個程式，將華氏度自動轉換成攝氏度。

用命令列編寫，非常簡單，自訂一個轉換函數，呼叫即可：

```
# 自訂函數 F_to_C，將華氏度變成攝氏度
def F_to_C(fahrenheit):
    # 攝氏度 = ( 華氏度 − 32°F) ÷ 1.8
    if isinstance(fahrenheit,float) == False:
        return None
    else:
        celsius = (fahrenheit-32) / 1.8
        return round(celsius,2)

# 迴圈呼叫轉換函數，直到輸入「停」
run = True
while run == True:
    fahrenheit = input(' 輸入華氏度（輸入「停」，程式結束）：')
    if fahrenheit == ' 停 ':
        run = False
    else:
        fahrenheit = float(fahrenheit)
        result = F_to_C(fahrenheit)
        print(' 相當於 ',result,' 攝氏度 ')
```

代碼簡短，速度很快，但只能用命令列操作：

```
輸入華氏度（輸入「停」，程式結束）：100.8
相當於 38.22 攝氏度
```

```
輸入華氏度（輸入「停」，程式結束）：36
相當於 2.22 攝氏度
輸入華氏度（輸入「停」，程式結束）：78
相當於 25.56 攝氏度
輸入華氏度（輸入「停」，程式結束）：停
```

　　改成視窗程式，人人皆可使用。怎麼改呢？我們需要一個視窗，視窗裡放一個溫度轉換按鈕、兩個文字方塊（一個存放華氏度，一個存放攝氏度）、兩個溫度標籤。當然，還要給溫度轉換按鈕編寫一個可靠的任務函數。

　　編寫代碼如下：

```
# 導入 tkinter 的全部工具
from tkinter import *

# 溫度轉換函數
def F_to_C():
    a = float(entry1.get()) # 獲取文字方塊 1 的資料
    if label1['text']==' 華氏度 ':
        b = (a-32)/1.8  # 華氏度 =( 攝氏度 -32)/1.8
        b = round(b,2)  # 保留兩位小數
    else:
        b = a*1.8+32    # 攝氏度 = 華氏度 *1.8+32
        b = round(b,2)  # 保留兩位小數

    entry2.delete(0,END) # 清空文字方塊 2 的資料
    entry2.insert(END,b) # 插入計算結果

# 視窗初始化
window = Tk()
window.title(' 溫度轉換器 ')
```

```
# 在視窗中放入溫度標籤
label1 = Label(window,text=' 華氏度 ')
label1.grid(padx=10,pady=(10,0))
label2 = Label(window,text=' 攝氏度 ')
label2.grid(row=0,column=2,padx=10,pady=(10,0))

# 在視窗中放入溫度轉換按鈕，呼叫轉換函數 F_to_C
button = Button(window,text=' 轉換 ',relief='groove',cursor='hand2',
command=F_to_C)
button.grid(row=1,column=1)

# 在視窗中放入文字方塊
entry1 = Entry(window)
entry1.grid(row=1,column=0,padx=20,pady=20)
entry2 = Entry(window)
entry2.grid(row=1,column=2,padx=20,pady=20)

# 開啟事件主迴圈
window.mainloop()
```

　　運行代碼，一個小巧玲瓏的視窗程式出現在螢幕上，在左邊文字方塊裡輸入華氏度，點擊轉換按鈕，換算好的攝氏度就在右邊文字方塊裡。

　　視窗左上角有一支羽毛，這是 Python 視窗庫的預設圖示，可以修改成我們指定的圖示，例如一支溫度計。

　　怎麼改？得先製作溫度計圖示，存放到指定目錄下。圖示檔與原始程式碼 py 檔最好放在同一目錄裡，便於隨時修改和後期發布。

　　我已經製作出溫度計圖示，取名 themometer.ico，存在 D 槽「武俠程式設計」資料夾下。重新編輯原始程式碼，在「視窗初始化」模組的末尾補充一行：

```
window.iconbitmap(r'D:\ 武俠程式設計 \ 程式設計 \themometer.ico')
```

　　保存並運行，視窗左上角的羽毛果然變成溫度計：

　　但這樣的程式只能在裝有 Python 的電腦上運行，假如你把 py 檔發送給朋友，而朋友電腦上沒有 Python，該怎麼辦呢？

　　解決方法是，用打包工具對 py 檔和設定檔（例如那個小

小的圖示文檔）一起打包，將溫度轉換器變成一個不需要依賴
Python 開發環境就能在作業系統上獨立運行的可執行程式。

Python 有多個打包工具，目前比較好用的是一個叫做
pyinstaller 的協力廠商函式庫。既然是協力廠商函式庫，就必
須用 shell 命令下載安裝。

還記得在 windows 作業系統下怎麼下載安裝協力廠商函
式庫嗎？打開 cmd，輸入「pip install 協力廠商函式庫名稱」，
確保電腦在連網狀態，確保輸入的協力廠商函式庫名稱正確，
一下就裝好了。

所以，在 cmd 輸入命令 pip install pyinstaller。大約兩分鐘
後，cmd 給出提示：Successfully installed ***pyintaller*** （**
代表當前版本編號）──pyintaller 的最新版本已經完成下載並
成功安裝。

被安裝到哪裡呢？打開 C 槽或 D 槽，找到 Python 的安裝
目錄，尋找 lib 資料夾，在 lib 下找到 site-packages 資料夾，
site-packages 下又有一個 PyInstaller 資料夾，就是 pyinstaller
的預設安裝位置。查看大小，PyInstaller 資料夾不到 10MB，
裡面卻有幾百個 py 文件。

pyinstaller 有沒有安裝失敗的可能呢？當然有。這種情況
有兩種原因：一是最初安裝 Python 時沒有配置環境變數，二
是你的 Python 版本太舊，和 pyinstaller 的版本不相容。如果是
前一種原因，請重新配置環境變數；如果是後一種原因，請卸

載 Python，再去 Python 官網下載最新的版本。如果你忘了怎麼安裝 Python 和怎麼配置環境變數，請參考第二章的「給你的電腦裝上 Python」一篇。

　　假定已經裝好 pyinstaller，現在就用這個完全免費的協力廠商函式庫，將溫度轉換器打包成可獨立運行的軟體。請跟著我的步驟，一步一步來，保證非常簡單。

　　第一步，將保存的 py 檔「溫度轉換器 .py」和圖示檔「themometer.ico」存放到同一目錄下，例如 D:\ 臨時文檔 \；

　　第二步，再次進入 cmd，用 cd 命令切換到 D:\ 臨時文檔 \；

　　第三步，輸入命令「pyinstaller -F -W 溫度轉換器 .py」，輸入鍵運行。

　　幾分鐘後，cmd 將給出提示：Buiding EXE from EXE-00.toc completed sucessfuly。

　　退出 cmd，查看 D:\ 臨時文檔 \，多出兩個資料夾：build 和 dist。打開 dist，裡面有一個「溫度轉換器 .exe」，就是一個能脫離開發環境而獨立運行的小軟體。

溫度轉換器 .exe

　　這個軟體有多大呢？約 10MB。再加上 build 裡那一堆設定檔，總計超過 20MB。我們知道，1MB 等於 1024KB，20MB 就是 20480KB。

可是再看原始檔案「溫度轉換器 .py」，只有 1KB，圖示檔「themometer.ico」也只有 3KB 或 4KB。一旦打包成可執行程式，為何突然多出來幾千倍呢？

因為我們編寫原始檔案時，導入整個 tkinter 函式庫，而 tkinter 函式庫又自動呼叫一些標準函式庫。這樣一來，打包出來的可執行程式不僅較大，且速度不夠快。

這就是借用函式庫開發軟體的特色，好處是不用重複造輪子，不用編寫非常繁瑣的代碼；壞處是開發出來的軟體比較臃腫，運行速度比較慢。你想要減少程式設計師的工作量，就得增加電腦的工作量，魚和熊掌不可兼得。

現代程式設計師普遍感到幸運的是，電腦的儲存容量愈來愈大，處理速度愈來愈快，除非是開發作業系統和系統級別的工具軟體，否則不必擔心容量和速度的問題。反正硬碟裝得下，反正 CPU 足夠快，快到你感覺不到慢下來。

我們編寫的溫度轉換器非常簡單，只有一個 py 檔。用 pyinstaller 打包這樣的小程式，可輸入命令「pyinstaller -F -W 檔案名 .py」，也可以輸入「pyinstaller -F 檔案名 .py」。其中 -F 和 -W 叫作「命令引數」，F 是 file（文件）的縮寫，-F 用來打包指定的 py 檔；W 是 window（視窗）的縮寫，-W 將指定的 py 檔打包成完全脫離命令列的視窗軟體。如果編寫一個大程式，py 檔多達幾十個、幾百個、上千個，則必須將這些檔存放到同一個目錄下，並用「pyinstaller -D 目錄名」這樣的命

令來打包。

　　pyinstaller 還有其他命令引數，例如 -i，它能替換掉 Python 預設提供的那個陳舊的軟碟圖示，給軟體指定一個漂亮的個性化的圖示。命令格式如下：

```
pyinstaller -i 圖示檔案名 -W py 檔案名
```

　　仍以溫度轉換器為例，我在 cmd 裡輸入這條命令：

```
pyinstaller -i themometer.ico -W 溫度轉換器 .py
```

　　pyinstaller 重新進行打包，這次產生的軟體圖示變成溫度計造型：

　　雙擊溫度計圖示，打開溫度轉換器，輸入華氏度，軟體將其轉換成攝氏度。行了，大功告成！

溫度轉換器. exe

↘ 什麼是「物件導向」？

前面說過，開發視窗軟體不是 Python 的長項，而是 VB 和 Delphi 的長項。

用 VB 開發一個溫度轉換器，實在比 Python 容易太多了。不用導入 tkiter，也不用導入其他視窗庫，不用編寫 Tk、Button、Label、Entry 等函數，也不用調取 pack、grid、place、geometry 等方法，直接創建新視窗，直接打開工具箱，直接用滑鼠把你需要的按鈕、標籤、文字方塊等控制項拖到視窗上，直接用滑鼠拖拽視窗的位置和尺寸，直接用滑鼠調整控制項的位置和尺寸，直接在屬性欄裡設置視窗標題和控制項標題，直接用滑鼠雙擊下其中幾個功能性的控制項，分別為它們編寫幾行功能性的代碼，直接在功能表列裡選擇「外接程式」，根據「打包嚮導」輕鬆操作，一個單視窗可執行溫度轉換器就橫空出世了。

你的電腦可能沒有安裝VB，但應該有Word。其實Word、Excel、PowerPoint 等辦公軟體的完整安裝版本都自帶 VB 開發套件，都能透過最簡單的操作開發出不太複雜的視窗程式。下圖是我在中文版 Word 軟體中打開 VB 工具包，編寫溫度轉換器的中間過程。試過一遍就知道，視窗和控制項幾乎全是用滑鼠「畫」出來的，簡單到要命。

　　然而 VB 沒有真正流行起來，今天更是一門乏人問津的語言。既然用 VB 開發視窗軟體如此簡單，而手機和電腦上安裝的應用軟體又以視窗軟體為主，VB 應該更加流行才對，為何乏人問津呢？

　　最致命的原因是，VB 不能「跨平臺」。用 VB 開發的軟體，適合在 Windows 系統運行，卻不適合在 Unix、Linux、Mac 系統和 Android 手機和 Apple 手機裡運行。如今智慧型手機井噴式增長，Apple 電腦長盛不衰，各種伺服器級別的大型電腦和電腦群要嘛使用 Unix，要嘛使用 Linux，要嘛使用 Linux 的某個方言版本（例如 redhat、Debian、SUSE、Gentoo），而程式設計高手們又天天在 Unix 和 Linux 系統上編寫代碼，所以只有在 Windows 系統裡才表現得簡單易用的

VB 語言就被市場淘汰掉了。

我對 VB 有感情，因為我學習的第一門程式設計語言就是 VB。還記得第一節程式設計課，老師演示如何新建視窗，如何往視窗上拖放按鈕，他把視窗叫做「視窗物件」，把按鈕叫做「按鈕物件」。半學期後，我在圖書館借到一本參考書講述「物件導向程式設計」，我看不懂，去請教老師。老師說：「VB 是一門物件導向的程式設計語言，建好視窗，放入控制項，替不同的控制項編寫不同的程式，就是物件導向程式設計。」我相信這個解釋，從此被誤導很久。

VB 確實是一門物件導向的程式設計語言，但給控制項寫代碼絕對不是物件導向。我的程式設計老師當年把視窗叫做「視窗物件」，把按鈕叫做「按鈕物件」，沒什麼錯，但物件導向程式設計的所謂「物件」，指的不是哪個視窗或哪個按鈕，雖然說視窗和按鈕遠比代碼具體和具象，看起來挺像「物件」。

在軟體發展領域，「物件導向」這四個字的地位不亞於「內功」一詞在武俠世界的地位。武俠世界分為少林、武當、峨嵋派、崑崙、青城、崆峒等諸多門派，軟體發展領域卻只有兩大門派，一個是「物件導向」派，另一個是「過程導向」派。當我們懂得什麼是過程導向，就能理解什麼是物件導向。

想像一個典型的武俠場景：

　　少林派俗家弟子張三，攻擊武當派俗家弟子李四，李四的
妻子翠花幫助丈夫抵擋攻擊。張三的武器是刀，李四的武器是
劍，翠花的武器是彈弓。張三提刀劈李四，李四橫劍封刀勢，
翠花斜刺裡殺出，用彈弓射出一枚鐵菩提，向張三腦門射去。
結局如何，首先取決於翠花能否射中張三，其次取決於李四的
戰鬥力是否勝過張三。

　　怎樣用程式設計語言類比上述場景呢？過程導向的虛擬碼
是這樣：

```
張三提刀劈李四
李四橫劍封刀勢
翠花用彈弓射張三
if 翠花射中張三：
    翠花和李四贏
    張三敗
else:
    if 李四的戰鬥力 >= 張三的戰鬥力：
        翠花和李四贏
        張三敗
    else：
    翠花和李四敗
    張三贏
```

　　這些虛擬碼並非真正的 Python 代碼或 VB 代碼，但卻能
直觀地展現程式設計思路：先用順序結構描述張三攻擊李四，
以及李四夫婦還擊的過程，再用一個雙層嵌套的判斷結構分析
結局。

如果改用物件導向，程式設計思路將大不相同。

物件導向的程式設計師會從整個場景中跳出來，將所有武俠人物歸納為一個「類別」，將張三、李四、翠花等具體人物看成這個類別的「實例」，將刀、劍、彈弓等武器看成每個實例的「屬性」，將劈砍、招架、發射暗器等行為看成每個實例的「方法」，再讓「實例」們呼叫各自的「屬性」和「方法」，影響其他實例的「屬性」和「方法」。

請允許我用 Python 的語法格式寫一段物件導向的虛擬碼，加上必要的代碼註解，重新模擬張三和李四夫婦的廝殺場景：

```python
# 創建 Master 類別，代表所有武俠人物
class Master:
    # 初始化 Master 類別的基本屬性：名字、性別、武器、戰鬥力
    # self 代表具體的武俠人物
    def __init__(self, 名字, 性別, 武器, 戰鬥力):
        self. 名字 = 名字
        self. 性別 = 性別
        self. 武器 = 武器
        self. 戰鬥力 = 戰鬥力

    # 自訂 fight 函數，類比武俠人物的戰鬥模式
    def fight(self):
        if 攻擊敵人 or 被敵人攻擊:
            呼叫 self. 武器
            呼叫 self. 戰鬥力
            比較敵方戰鬥力
            用數值形式向外界發送比較結果
```

```
        elif 隊友被攻擊：
            呼叫 self. 武器
            檢查是否擊中
            用字串向外界發送檢查結果
        else:
            pass

# 自訂 enter 函式，輸入資料，分析結局
def enter():
    # 將張三、李四、翠花做為 Master 類別的實例，分別輸入其屬性
    ZhangSan = Master(' 張三 ',' 男 ',' 刀 ', 戰鬥力 )
    LiSi = Master(' 李四 ',' 男 ',' 劍 ', 戰鬥力 )
    CuiHua = Master(' 翠花 ',' 女 ',' 彈弓 ', 戰鬥力 )

    # 用判斷結構分析結局
    if CuiHua.fight() == ' 擊中 ':
        翠花和李四贏
        張三敗
    else:
        if LiSi.fight() >= ZhangSan.fight():
        翠花和李四贏
        張三敗
    else:
        翠花和李四敗
        張三贏

# 設置主程序入口，指定程式從哪個代碼塊開始運行
if __name__=='__main__':
    enter()
```

　　兩段虛擬碼相比，過程導向的思路更直接，就和講故事一樣，將整個故事一股腦兒講過來，人物也好，兵器也好，戰鬥過程都好，本質上平等，都是故事的元素；物件導向呢？思路比較抽象，看問題的角度比較超脫，根本不講故事，而是把故事裡的人物抽象成一個所謂的「類別」，把每個人物的名字、性別、兵器、武功等特徵都歸納為「類別」的「屬性」，再把人物之間的廝殺行為歸納為「類別」的「方法」，等整個框架都建好了，再往框架裡填入具體的人物。

　　舉一個更簡單的例子：針對「蘋果砸在牛頓腦袋上」這件事，用過程導向和物件導向兩種思路分別程式設計。

　　過程導向只需要寫一個順序結構，兩步搞定：第一步，蘋果從樹上落下；第二步，蘋果砸在牛頓頭上。

　　物件導向則要創建一個世界，為這個世界編寫出「水果」、「人」、「時間」和「空間」四個類別，再將蘋果做為水果類別的實例，將牛頓做為人類別的實例，將物體在不同時刻的空間座標做為時空類別的實例。為每個實例輸入各種初始化的資料，讓電腦判定蘋果的時空座標與牛頓的時空座標是否重疊，以及在什麼時刻和什麼位置重疊。當重疊發生時，代表蘋果砸在牛頓的頭上。

　　所以很明顯，過程導向是執行者的思維，說話就是說話，做事就是做事，直來直往；物件導向是設計者的思維，把能歸納的事物都歸納起來，把能構造的方案都構造出來，後面的操

作環節交給電腦處理。

　　這兩種程式設計思路各有利弊：過程導向的優勢是思路簡單，劣勢是代碼的重用性很低，只適合編寫小型程式；物件導向能設計出層次分明的框架，能為同一類別的大量任務提供統一的解決方案，能讓代碼的修改和維護變得相對簡單，但在編寫簡單的、不太會被重複利用的腳本程式時，再用物件導向程式設計就顯得太麻煩了。

　　Python 是物件導向的程式設計語言，但卻能編寫過程導向的程式。前面幾章的示例代碼其實都屬於過程導向，因為它們大多是很小、很簡單的腳本程式。VB、Delphi、C++、Java、go、Rooby 也是物件導向的程式設計語言，同樣能編寫過程導向的程式。事實上，現在主流的程式設計語言都是物件導向，但每一個初學者都是從過程導向開始編程，因為過程導向最適合直來直往地解決簡單問題。如果是專業程式設計師團隊開發商業化的應用軟體，主流的程式設計思路（或者叫「程式設計思想」和「程式設計範式」）一定是物件導向。

　　也有程式設計師將程式設計思路分成四個派別，美其名曰「四種程式設計範式」。在這四種範式裡，除了物件導向、過程導向，還有「宣告式程式設計」和「函式程式設計」。其中聲明式程式設計以大名鼎鼎的資料庫語言 SQL 為代表，函式程式設計以特別抽象、特別難學、但最近幾年又特別受追捧的 Lisp 語言為代表。另外一些程式設計師則爭論說，宣告式程式

設計和函式程式設計都屬於物件導向，沒必要單獨拎出來開宗立派。

　　而對初學程式設計的朋友來說，這種爭論毫無意義。什麼才叫有意義呢？多看幾本書，多寫幾行代碼，多用程式設計方法解決幾個實際問題，讓自己更充實，讓生活更美好，那才叫有意義。

LEARN 系列 067

誰說不能從武俠學程式？

作　　　者 —— 李開周
主　　　編 —— 邱憶伶
責任編輯 —— 陳映儒
行銷企畫 —— 林欣梅
封面設計 —— 兒日
封面插畫 —— GUMA HSU
內頁排版 —— 張靜怡

編輯總監 —— 蘇清霖
董 事 長 —— 趙政岷
出 版 者 —— 時報文化出版企業股份有限公司
　　　　　　108019 臺北市和平西路三段 240 號 3 樓
　　　　　　發行專線 —— (02) 2306-6842
　　　　　　讀者服務專線 —— 0800-231-705・(02) 2304-7103
　　　　　　讀者服務傳真 —— (02) 2304-6858
　　　　　　郵撥 —— 19344724 時報文化出版公司
　　　　　　信箱 —— 10899 臺北華江橋郵局第 99 信箱
時報悅讀網 —— http://www.readingtimes.com.tw
電子郵件信箱 —— newstudy@readingtimes.com.tw
時報出版愛讀者粉絲團 —— https://www.facebook.com/readingtimes.2
法律顧問 —— 理律法律事務所　陳長文律師、李念祖律師
印　　　刷 —— 勁達印刷有限公司
初版一刷 —— 2022 年 8 月 26 日
定　　　價 —— 新臺幣 430 元
（缺頁或破損的書，請寄回更換）

時報文化出版公司成立於一九七五年，
一九九九年股票上櫃公開發行，二〇〇八年脫離中時集團非屬旺中，
以「尊重智慧與創意的文化事業」為信念。

誰說不能從武俠學程式？／李開周著 . -- 初版 .
-- 臺北市：時報文化出版企業股份有限公司，
2022.08
272 面；14.8×21 公分 . -- (LEARN 系列；67)
ISBN 978-626-335-778-5（平裝）

1. CST：電腦程式設計　2. CST：通俗作品

312.2　　　　　　　　　　　　　111012228

ISBN 978-626-335-778-5
Printed in Taiwan